大家小书

逻辑学讲话

沈有鼎 著
刘新文 编

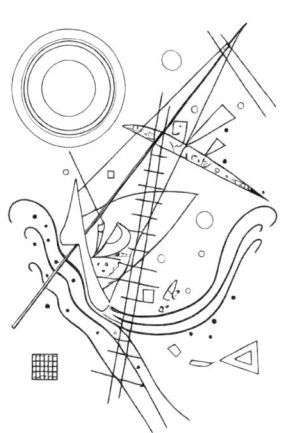

北京出版集团
北京出版社

图书在版编目（CIP）数据

逻辑学讲话 / 沈有鼎著；刘新文编. -- 北京：北京出版社，2025.3
（大家小书）
ISBN 978-7-200-17876-0

Ⅰ. ①逻… Ⅱ. ①沈… ②刘… Ⅲ. ①逻辑学—通俗读物 Ⅳ. ①B81-49

中国国家版本馆CIP数据核字（2023）第082842号

总　策　划：高立志　　　责任编辑：邓雪梅

·大家小书·

逻辑学讲话
LUOJIXUE JIANGHUA

沈有鼎　著　刘新文　编

出　　版	北京出版集团
	北京出版社
地　　址	北京北三环中路6号
邮　　编	100120
网　　址	www.bph.com.cn
发　　行	北京伦洋图书出版有限公司
印　　刷	北京华联印刷有限公司
开　　本	880毫米×1230毫米　1/32
印　　张	6
字　　数	109千字
版　　次	2025年3月第1版
印　　次	2025年3月第1次印刷
书　　号	ISBN 978-7-200-17876-0
定　　价	52.00元

如有印装质量问题，由本社负责调换
质量监督电话　010-58572393

总　序

袁行霈

"大家小书",是一个很俏皮的名称。此所谓"大家",包括两方面的含义:一、书的作者是大家;二、书是写给大家看的,是大家的读物。所谓"小书"者,只是就其篇幅而言,篇幅显得小一些罢了。若论学术性则不但不轻,有些倒是相当重。其实,篇幅大小也是相对的,一部书十万字,在今天的印刷条件下,似乎算小书,若在老子、孔子的时代,又何尝就小呢?

编辑这套丛书,有一个用意就是节省读者的时间,让读者在较短的时间内获得较多的知识。在信息爆炸的时代,人们要学的东西太多了。补习,遂成为经常的需要。如果不善于补习,东抓一把,西抓一把,今天补这,明天补那,效果未必很好。如果把读书当成吃补药,还会失去读书时应有的那份从容和快乐。这套丛书每本的篇幅都小,读者即使细细地阅读慢慢地体味，也花不了多少时间，可以充分享受读书的乐趣。如果把它们当成补药来吃也行，剂量小，吃起来方便，消化起来也容易。

我们还有一个用意，就是想做一点文化积累的工作。把那些经过时间考验的、读者认同的著作，搜集到一起印刷出版，使之不至于泯没。有些书曾经畅销一时，但现在已经不容易得到；有些书当时或许没有引起很多人注意，但时间证明它们价值不菲。这两类书都需要挖掘出来，让它们重现光芒。科技类的图书偏重实用，一过时就不会有太多读者了，除了研究科技史的人还要用到之外。人文科学则不然，有许多书是常读常新的。然而，这套丛书也不都是旧书的重版，我们也想请一些著名的学者新写一些学术性和普及性兼备的小书，以满足读者日益增长的需求。

"大家小书"的开本不大，读者可以揣进衣兜里，随时随地掏出来读上几页。在路边等人的时候，在排队买戏票的时候，在车上、在公园里，都可以读。这样的读者多了，会为社会增添一些文化的色彩和学习的气氛，岂不是一件好事吗？

"大家小书"出版在即，出版社同志命我撰序说明原委。既然这套丛书标示书之小，序言当然也应以短小为宜。该说的都说了，就此搁笔吧。

"本文不能继续讨论下去"

刘新文

1989年，杨向奎先生（1910—2000）在《文史哲》第6期发表《论沈有鼎》一文，高度评价了沈有鼎先生（1908—1989）的学术成就，认为其"博学与机锋，谈经夺席，当代仅有"[①]。杨先生的文章主要谈论了沈先生对墨经逻辑学的贡献，在此之外，他还回忆起自己上学时的一件事情："在30年代沈先生是名满国际的哲学家……现在我可以回忆有关他的光辉传说。在30年代初（大概是1934年），金岳霖先生在北大哲学系兼课，有一次他说，'我国的沈有鼎发明了一种新的逻辑体系'，这使听课的学生大惊！什么样的'逻辑体系'？金先生没有说，后

[①] 杨向奎："论沈有鼎"，《文史哲》，1989年第6期，第37页。

来也没有看到他这方面的论文，但我想金先生不是空话。"[1]根据目前掌握的文献，我认为，这个"新的逻辑体系"，是沈先生在1935年发表于《清华学报》的论文《论有穷系统》(*On Finite Systems*)中的逻辑体系。这篇论文是沈先生在数理逻辑方面的第一篇论文，但他在文末的注记中却说"本文未完。笔者发现自己不能继续讨论下去"[2]。这里值得提出的是，以沈先生的"博学与机锋"都"不能继续讨论下去"的逻辑体系是什么、其思想源于何处？他不能继续讨论的原因又可能在哪里？这篇文章所涉及的方向和他在数理逻辑领域中的后续工作会不会有联系？

作为我国较早从事数理逻辑研究的逻辑学家，沈先生在数理逻辑方面所发表的论文主要有5篇：1. *On Finite Systems*（1935）；2. *Paradox of the Class of All Grounded Classes*（1953）；3. *Two Semantical Paradoxes*（1955）；4.《初基演算》(1957)；5.《"纯逻辑演算"中不依赖量词的部分》(1981)。另外，他还有一些未刊稿，例如完成于20世纪60年代初期的 *A Calculus of Individuals and Truth-values*，不过，这

---

[1] 杨向奎："论沈有鼎"，《文史哲》，1989年第6期，第43页。

[2] Shen, Yu-Ting（沈有鼎）："On Finite Systems"，《清华学报》，第10卷第2期，1935年4月。

篇未刊稿的部分内容以《"纯逻辑演算"中不依赖量词的部分》为题发表了。我认为，这些工作中有一个一以贯之的主题，那就是"判定问题"。判定问题是数理逻辑的核心问题之一。20世纪初，希尔伯特（D.Hilbert，1862—1943）在数学基础研究中提出形式主义纲领，致力于通过有穷多一阶公理来对各种数学分支进行公理化，原则上，这样的公理化把数学命题的证明归约为在一个指定的形式逻辑系统中执行一种机械的推导，在这样的情况下，判定问题尤其重要。围绕"判定问题"，我们拟梳理沈先生那个"逻辑体系"的"前世今生"，考察他未完成论文的思想来源和主题，这个主题和他后来所做工作的思想联系。

沈有鼎先生是金岳霖先生的高足。1929年，他从清华大学毕业，同年考取公费留美，在哈佛大学谢孚（H. Sheffer，1883—1964）和怀特海（A. Whitehead，1861—1947）指导下进行学习和研究。1931年，他获得硕士学位后，又赴德国海德堡大学，追随胡塞尔等人从事研究，1934年回国之后任教于清华大学哲学系。1935年，沈有鼎先生在《清华学报》第10卷第2期发表 *On Finite Systems*（1992年，先师张清宇先生的译文《论有穷系统》被收入《沈有鼎文集》[①]；这里的"Systems"译为"体

---

① 北京：人民出版社，1992年。

系""系统"皆可)。这是他在20世纪30年代所发表的唯一属于数理逻辑领域的论文,写成于哈佛大学读书期间。在《论有穷系统》的第二段,沈先生说,"本文内容是谢孚《记号相对性》一文的续篇"[1],并在文末附注中说,"文中讲到的《记号相对性》是谢孚教授以前未发表的文章"[2]。

谢孚的那篇《记号相对性》,指的是他完成于1921年的文稿《记号相对性的一般理论》[3],要理解谢孚的逻辑研究,这是一个关键文稿,因为除了一些摘要之外,他一生只在1913年发表过一篇论文。这篇61页的未刊文稿的前34页是打字机打印的,后27页是绘制的图表,它藏于哈佛大学本部的魏德纳图书馆(Harvard Widener Library),其中一小部分内容在1927年的《第六届世界哲学大会文集》中发表过,题为《记号相对

---

[1] Shen, Yu-Ting(沈有鼎):"On Finite Systems",《清华学报》,1935年,第491页。

[2] Shen, Yu-Ting(沈有鼎):"On Finite Systems",《清华学报》,1935年,第514页。

[3] Sheffer, H.: "*The General Theory of Notational Relativity*", Typewritten manuscript of 61 pp, available from the Harvard Widener Library, 1921。关于这个文稿及其在谢孚整个研究生涯中的地位,可以参见最近的文献 Floyd, J.: "Sheffer, Lewis and the 'Logocentric Predicament'", in C. I. Lewis: *The A Priori and the Given*, *Q. Kammeretc.*(eds.), New York and London:Routledge, 2021, pp. 27–103.

性》①，篇幅为4页。这份文稿只是谢孚在职业生涯早期构想的一个雄心勃勃的计划的一小部分，但从未以令人满意的方式成功地实施；另外，这篇文稿还非常难读。1915年，谢孚的一个摘要对于理解文稿背后的潜在动机至关重要，摘要只有一句话，即"通过各种'关系坐标的变换'和相应的系统等价性定义，谢孚博士为包含有穷多个元素的演绎系统建立了一个一般性的公理理论"②，而标题则清楚地表明，对有穷的关系系统的研究只是迈向谢孚所希望的演绎系统的一般理论的第一步。按照这个摘要，谢孚的文稿在有穷关系结构这一特殊情形中执行他的公理化计划，代表了谢孚对有穷系统的一般公理化所做的尝试。有穷关系结构是形如$\langle K, R \rangle$的结构，其中K是包含n个元素的有穷集合，R是定义在K上的m元关系。令F是关系结构$\langle K, R \rangle$的族。按照谢孚的意见，假定K是标准的n元集合$\{1, \cdots, n\}$。令α是K上的置换，对于K中的x，x在α下的像记为$x\alpha$；由以下定义：

---

① Sheffer, H.: "Notational Relativity", in E. S. Brightman (ed.), *Proceedings of the Sixth International Congress of Philosophy*, Cambridge, MA: Harvard University, 1927, pp.348-351.

② Sheffer, H.: "Deductive Systems and Postulate Theory; I. Finite Case", *Bulletin of the American Mathematical Society* 21, 1915, p. 220. Abstract.

$$\langle x1, \cdots, xm \rangle \alpha = \langle x1\alpha, \cdots, xm\alpha \rangle$$
$$R\alpha = \{\langle x1, \cdots, xm \rangle \alpha : \langle x1, \cdots, xm \rangle \in R\}$$

置换α被提升到F上，也就是说，α以一种自然的方式在族F上起作用。令F是如下这样一个结构族，它对于K={1, $\cdots$, n}上所有置换的对称群Sym（K）是封闭的，也就是说，如果α是K的一个置换并且$\langle K, R \rangle$在F中，那么$\langle K, R \rangle \alpha$也在F中。如果这样的族只包含一个结构$\langle K, R \rangle$，谢孚就把它定义为是"各向同性的"（isotropic）。这个概念可以看作范畴性（categoricity）这个标准概念的强化。结构$\langle K, R \rangle$组成的族是范畴的，仅当这个族中的所有结构都是同构的。谢孚得到的结果都与有穷结构，而不是无穷结构有关，尽管他渴望得到一个一般性的理论。这些结果阐明了对元素结构"格栅"（graf）成立的定理：取一个有序元素的二维网格并排列这些元素，在格栅的组合重排下，看看哪些"形式"和"关系"相对于基数和其他高阶属性仍然是正确的。

谢孚的这些结果与后来塔尔斯基（A. Tarski, 1901—1983）的一些观点非常接近。塔尔斯基在1966年的一个演讲中提出，逻辑概念（logical notions）正是那些对于世界的所有置换都保持不变的概念①,这里的"世界"指的是从无穷的个体集合建立起来的类型的谱系,置换定义在这个谱系之上。塔尔斯基指出,在个体层面上没有逻辑概念,只有两个不变的个体类(所有个体的类和空类)。他接着说:"如果我们再进一步并考虑二元关系,简单论证即可表明,只有4个二元关系在这种意义上是逻辑概念:总是在任意两个对象之间成立的全域关系,绝不会成立的空关系,当'两个'对象相等时只在它们之间成立的恒等关系,以及与它相反的多样性关系。因此,全域关系、空关系、恒等关系以及多样性关系,这四者是个体之间仅有的逻辑的二元关系。这一点很有趣,因为在皮尔士、施罗德和其他19世纪逻辑学家在关系理论中恰好引入和讨论了这4种关系。如果你考虑三元关系、四元关系等等,情况也是类似的:对于这些关系中的每一种关系,你都将有少量的有穷多个逻辑关系。"②这些由塔尔斯基勾勒出来的结果,当然就是谢孚关于"各向同性"的结果。

谢孚的研究结果很难追随,而且这些结果也是不完整的。

---

① 塔尔斯基:"什么是逻辑概念?",刘新文译,《世界哲学》,2014年第3期,第22页。
② 塔尔斯基:"什么是逻辑概念?",刘新文译,《世界哲学》,2014年第3期,第23页。

沈有鼎先生的《论有穷系统》旨在对谢孚的《记号相对性的一般理论》(1921) 进行补充，用一个有穷系统理论扩展了谢孚的"数学逻辑新方法"，这个理论部分地以罗素的类型论为基础，由三个初始的逻辑概念、三条外延公理以及从系统的基本公理发展而来的三个 tropicities 的几何例子组成。为什么沈先生在其论文的最后说"发现自己不能继续讨论下去"呢？我们现在提出一个解释，以就教于学界同人。我们可以在谢孚的工作中找到线索。谢孚在1918年的一个摘要中说："众所周知，演绎系统可以以各种方式通过公理集合来确定。例如，欧几里得几何是由希尔伯特、凡勃伦（Veblen）和亨廷顿（Huntington）这些截然不同的公理集合确定的。这些不同的确定都是'等价的'——任何两个公理集合都是唯一可互译的。那么，是否可能存在一个'超公理'集合，其中希尔伯特、凡勃伦、亨廷顿和其他人的公理集合都是它的特例呢？存在。而且在事实上，这些公理集合的'不变量'具有非常简单的性质。任何演绎系统的一个公理集合的不变量这个概念被作者用于（1）建立公理技术理论、相对论物理学理论和认识论建构理论（如罗素和怀特海的理论），以及（2）重建数理逻辑的基础。"[①] 这

---

① Sheffer, H.: "Principia Analytica", ThePhilosophical Review 28, 1918, p. 187.

些都是非常雄心勃勃的主张。我们假设有一个算法来确定一个公理集合的不变量;这个假设似乎是合理的,因为谢孚说不变量有"一个非常简单的特征"。根据这个假设,谢孚声称他有一个算法来确定两个一阶公理系统是否等价;这与一阶逻辑的不可判定性相矛盾——一阶逻辑的不可判定性在1936年由阿兰·图灵(A. Turing,1912—1954)和阿伦佐·丘齐(A. Church,1903—1995)所证明。因此,几乎可以肯定的是,谢孚雄心勃勃的主张是错误的。也许正是因为这个原因,才导致了沈先生在这个方向的工作无法进行下去。在内容上,谢孚和沈有鼎的这些工作属于后来才发展起来的"有穷模型论"(finite model theory)领域,有穷模型论起源于经典模型论(classical model theory),但其系统发展归功于复杂性理论(theory of complexity)的研究。对于自己的这个工作,沈先生在自传中并没有把它列为"主要著作"[1],在最近一篇题为"清华逻辑学派"的文献中,《论有穷系统》则被称为是沈有鼎主要著作中的"一个小例外"[2]。

---

[1] 沈有鼎:《沈有鼎自传》,未刊稿,约1980年,第1页。

[2] Vrhovski, J.: "'Qinghua School of Logic': Mathematical Logic at Qinghua Unversity inPeking, 1926-1945", *History and Philosophy of Logic* 42 (3), 2021, p. 255.

20世纪五六十年代，沈有鼎先生在阿伦佐·丘齐等人的基础上，对于判定问题提出了自己的研究成果：他完成关于不带量词的"纯逻辑演算"，从带等词的一阶逻辑中分离出来的一个完全的、可判定的片段（或称"部分演算"），而且给出了判定过程。"纯逻辑演算"主要受丘齐所著《数理逻辑导论（第一部）》的影响。丘齐这部教材在1944年面世，1956年出了修订版，它是数理逻辑史上的名著，产生过广泛而深远的影响，半个多世纪以来一直在修订印行。1963年，沈有鼎先生指导周礼全、张尚水、诸葛殷同、宋文淦等人学习这本书[1]，根据张尚水先生的记录，《"纯逻辑演算"中不依赖量词的部分》的完整版本 *A Calculus of Individuals and Truth-values* 正是在这一时期完成的[2]。

于中国社会科学院哲学研究所逻辑学研究室

---

[1] 沈有鼎：《沈有鼎集》，北京：中国社会科学出版社，2006年，第380页。
[2] 张尚水："沈有鼎的数理逻辑工作"，《哲学研究》，1998年增刊，第88页。

目 录

001 / 论"思维形式"和形式逻辑

012 / 所有有根类的类的悖论

015 / 两个语义悖论

018 / 中国古代辩者的悖论

031 / "辞"和同异

042 / "说"和"辩"的原则及个别方式

086 / 《墨经》论数

091 / 公孙龙其人

103 / 公孙龙的学说的倾向性

133 / 周易序卦骨构大意

136 / 周易卦序分析

137 / 中国哲学今后的开展

151 / 附:沈有鼎自传

论"思维形式"和形式逻辑

"思维形式"和"形式的"

按近代西方哲学家的用词习惯,"形式"(form)这名词和"形式的"(formal)这形容词的含义并不是完全相应的,甚而可以距离很远。黑格尔的逻辑学所研究的那些"范畴",黑格尔本人也称之为"思维形式",但是我们决不能说黑格尔的逻辑学所研究的乃是"形式的东西"(das formale)。相反,正因为黑格尔在研究"思维形式"时并不着眼于"形式的东西",所以他的逻辑学才区别于"形式逻辑"(formale logik),而名为"辩证逻辑",不过这是唯心论的、头脚颠倒的辩证逻辑。

为了弄清楚"思维形式"和"形式的"这些词项的含义,还必须追溯到康德。康德用"思维形式"这名词,一方面区别于空间和时间这些"直观形式",另一方面也和实体和因果性等"范畴"有区别。大家知道,时间和空间本来是客观事物的存在形式;但康德从他的唯心论观点出发,认为二者只是人类感性直观的形式。再者,实体和因果性等本来是由客观事物抽象得来的范畴;但康德从他的唯心论观点出发,认为这些范畴是人类知性本来具有的东西。我们知道,康德的范畴表是从知性的判断形式表中导引出来的。虽然如此,按康德的看法,与知性的综合作用直接关联的"范畴"还是和与知性的分析作用直接关联的判断形式或"思维形式"有一定的区别:"思维形式"只是"一般逻辑"或形式逻辑的对象,而"范畴"则是康德所提出的"超验逻辑"所要考察的东西。直到黑格尔才把康德的"范畴"也称为"思维形式"。可见在康德那里,"思维形式"这名词和人们今天所理解的"形式的"这形容词倒还是大致相应的。

但是这里又发生了一个问题。在康德之前的逻辑学家沃尔夫,曾认为概念的清楚不清楚和明晰不明晰是概念的"形式的"性质,也就是说,是"思维形式"方面的问题。如果我们再回到笛卡儿那里看一看,就会想到概念的清楚不清楚和明晰不明晰,是跟公理的显明性有密切关系的;那么,公理的显明性也可以认为是判断的"形式的"性质了,也是"思维形式"

方面的问题了。而实际上概念的明确性和判断的显明性，都不能认为完全是"思维的形式结构"方面的问题。我们知道，如果一个定义有了正确的形式结构，那么被定义的概念可以认为是明确的，但是还必须加上一个条件，就是用来作定义的那些概念(定义项中所用的那些概念)必须先是明确的。同样，如果一个证明有了正确的形式结构，那么被证明的判断可以认为是显明的，但是还必须加上一个条件，就是用来作为证明的论据的那些判断必须先是显明的。可见概念的明确性和判断的显明性都不只是"形式结构"方面的问题，而是关涉到思维的具体内容的。假如我们还说，概念的明确性和判断的显明性是属于"思维形式"方面的，那么"思维形式"这名词就有了比"思维的形式结构"较为广泛的含义了。不过按今天的习惯，"形式的"这形容词已经不再那样广泛地被使用着。

今天我们使用"形式的"这形容词，是和"形式结构"这名词完全相应的。但这里又发生了第三个问题。我们知道，思维对于语言来说，思维是内容，语言则是思维的表现形式。但思维又有自己的形式或形式结构，这形式对于语言来说，也还是属于被表现的内容方面的东西。很多人使用"形式的"和"形式结构"这两个语词，不是用来指思维的形式结构，而是指的符号公式的外表结构；但同时另一些人使用这两个语词,仍然指的是思维的形式结构。我们不要忘记,这是两种不同的东西。

把上面所说的总结起来:

(一)"思维形式"这名词可以用来指实体和因果性等范畴,但这些范畴不能称作"形式的"东西;它们有时可以看作是"思维结构"方面的东西,但绝不是"思维的形式结构"方面的东西。(外国文,"形式结构"是包含了"形式的"这形容词的。)

(二)"思维形式"这名词,甚而在过去"形式的"这形容词,可以用来指像概念的明确性和判断的显明性那样的东西,但这些东西主要不是"思维的形式结构"方面的问题。(判断的真正的而不是幻想的显明性当然有其客观基础,但它也是思维本身的性质;至于判断的恰当性则完全是内容真实的问题,是思维和对象的关系问题,和显明性不同。)

(三)"思维形式"这名词和"形式的"这形容词,可以用来指"思维的形式结构",例如判断有直言、假言、选言、肯定、否定、单称、全称、特称等多种差别。

(四)"形式的"这形容词和"形式结构"这名词,又可以用来指符号公式的外表结构,而不是指"思维的形式结构"。

"逻辑学"

"逻辑学"就其最广泛的意义讲，乃是和这门那门具体科学都不相同的、以思维的一般形式和一般规律为对象的科学。这样的科学可以有两种：一种是对思维形式和思维规律作全面的考察，特别是着眼在思维过程的运动发展，这就是辩证逻辑；一种是对思维形式和思维规律作抽象的、静止的考察，把概念和判断等当作已经形成的东西，这就是广泛意义的形式逻辑。作为知性的逻辑，形式逻辑是初级的逻辑学；而作为理性的逻辑，辩证逻辑是高级的逻辑学。辩证逻辑和形式逻辑可以用几何学上的圆形和方形来作比喻。圆形是最丰满的图形，它又是运转不居的；方形是静止稳定的图形，一个方形又很容易分割成许多方形。这正好象征了辩证逻辑和形式逻辑这两门科学所具有的不同的特征。

辩证逻辑着眼在思维的一般内容，这一般内容是以范畴的形式表现出来的。在辩证逻辑中，主观逻辑和客观逻辑密切关联着，而客观逻辑的诸范畴先行于主观逻辑的诸范畴。如果按形式逻辑的形象来构造辩证逻辑，就会使辩证逻辑变成一条腿的、不完整的东西。辩证逻辑是在思维和存在的辩证的同一性中来研究思维的，同时它以"存在第一性，思维第二性"为自始至终的指导原则。

但是，范畴不只是辩证逻辑所考虑的"思维形式"，它也是广泛意义的形式逻辑所涉及的对象。我们对范畴或思维的一般内容可以作辩证的处理，也可以作形式的处理。对范畴作辩证的处理时，我们着眼在范畴间的内在联系和互相转化上面，这是辩证逻辑所有的事。对范畴作形式的处理时，我们着眼在范畴间的相对静止的结构关系上面，这是"形式的范畴论"所有的事。"形式的范畴论"是广泛意义的形式逻辑的一个部分。

广泛意义的形式逻辑的另一个部分是严格意义的形式逻辑，这是以思维的形式结构为对象的一门特殊的学问。为了精确地研究思维的形式结构，它也要涉及符号公式的外表结构。同时它对自己不能完全掌握的思维内容，也要提出一些要求，它形式地要求着思维内容的明确性和真实性。但是为了满足这些要求，就不能没有形式的范畴论、辩证逻辑以及各门具体科学的理论和实践。

总结起来，逻辑学的分门有如下表：

$$\text{逻辑学}\begin{cases}\text{广泛意义的形式逻辑}\begin{cases}\text{严格意义的形式逻辑}\\ \text{形式的范畴论}\end{cases}\\ \text{辩证逻辑即辩证的范畴论}\end{cases}$$

在严格意义的形式逻辑中，又可以分出"外延观点的形式逻辑"一个部分。也许严格意义的形式逻辑中的所有问题都可以在外延观点下得到处理和解决，但是，我们对于这个企图能否成功是很怀疑的。（有的学者用"外延观点"四个字只是类比性质的，这和这里所说的"外延观点"不是一回事。）

普通逻辑和数理逻辑

最后我们谈一谈所谓"普通逻辑"和"数理逻辑"。

普通逻辑是广泛意义的形式逻辑的初步入门的阶段，是"初级的初级逻辑"。作为初步入门的东西，严格意义的形式逻辑和形式的范畴论这两个部分在普通逻辑中还处在未分化的状态。我们甚而可以说，这正是普通逻辑的独特的优点，它使普通逻辑始终不脱离各门科学的具体认识过程，始终和这样的认识过程以及日常思维紧密地联系着。

逻辑学在开始形成的时候，不论在中国、印度、西方，都是以一般的认识工具或认识方法的姿态出现的。其实这种普通逻辑是很初级的东西，真正的"方法论"只有马克思主义的辩证逻辑才当得起。但普通逻辑的主要题材确实是初步的认识方法。这种知性的认识方法所涉及的方面，恰好相当于广泛意义的形式逻辑的范围，即既牵涉到思维的形式结构，又包含着"形式的范畴论"的一些问题。

在西方，亚里士多德的《前分析篇》对演绎推理的形式结构，作了一些就古代的尺度看来比较精密的研究。这一部分三段论的理论在中世纪被片面地强调了，因而西方的传统逻辑后来被称为"形式逻辑"。本来，"形式逻辑"这名词在外文是包含着"形式的"这形容词在内的。西方的传统逻辑把重点放在演绎推理的形式结构上面，它忽视了经验，因而在很大程度上丧失了认识方法的意义。在近代初期，培根认为这种传统逻辑不足以充当真正的认识工具，他要提出他的"新工具"。《新工具》把归纳方法作为主要的题材，它批判了单独研究思维的片面性，而要把思维和自然界联系起来一起考虑，同时它对归纳推理的形式结构也作了初步的探讨。米尔（即穆勒）追随培根之后，反对"形式逻辑"的狭隘性，他结合当时自然科学的成果，对归纳方法作了进一步的研究。米尔所反对的"形式逻辑"不只相当于严格意义的形式逻辑，即专研究思维形式结构的那种逻辑，它还是被歪曲了的形式主义的"形式逻辑"，即不要求思维内容的真实性而专门讲求"一贯性"的那种逻辑。

但英国经验派的归纳逻辑，始终不太适合大陆上学者的口味，许多大陆上出版的逻辑教本虽然吸收了米尔的归纳法，但是总要把它挤在一个角落里面来叙述。于是就出现了这样的情况，就是按英国学者的习惯，"形式逻辑"这名词是和"归纳逻辑"对举的，它所指的是以演绎推理的形式结构为重点的，不包括米尔的归纳方法的传统逻辑。而按德国学者的习惯，"形式逻辑"或者是和康德的"超验逻辑"对举的东西，或者是和黑格尔以及马克思主义的"辩证逻辑"对举的东西，至于在这样的传统逻辑里面加进不加进米尔的归纳方法则是一个比较次要的问题。由于用词习惯的这种分歧，我们认为有必要把"严格意义的形式逻辑"和"广泛意义的形式逻辑"这两个概念加以区别，并且指明和马克思主义的辩证逻辑对举的乃是广泛意义的形式逻辑。

广泛意义的形式逻辑是包括了归纳方法的，这一点似乎无须争论。但严格意义的形式逻辑包括不包括归纳推理的形式结构，目前关于这一点存在着分歧的意见，因为有的同志认为归纳推理不是严格的"推理"，也没有严格的"形式结构"。我们认为这种观点至多只适合于今天的逻辑科学的水平,就逻辑科学的远景看来它是不正确的。我们说,严格意义的形式逻辑不但要讲究归纳推理的形式结构,它还要研究各种或然性推理的形式结构。

在普通逻辑这门学科里面,思维的形式结构方面的东西乃至数理逻辑应该讲多少,其他有关范畴和认识方法的东西应该讲多少,这是值得斟酌一番的。

现在简单地讲一讲数理逻辑的特征。

数理逻辑的特征在于它的方法,它是用一种特殊的方法从量的侧面来研究思维的形式结构的,因此它是严格意义的形式逻辑的一个重要的分支。它运用着比日常语言更为精确的符号体系。它把思维过程首先当作演算来处理,然后再加上逻辑的解释,这样分两步走就是数理逻辑的特征。在第一个步骤里,它只考虑一些符号公式的"形式结构"和变换规则;到了第二个步骤,它才把逻辑的内容加进去,而所谓逻辑的内容实际上才是我们所说的"思维的形式结构"。

为了精确地研究思维的形式结构,必须用数理逻辑的方法。数理逻辑的成果已经在工程技术方面有了出色的应用。到现在为止,数理逻辑的研究主要是在前面提到的"外延观点的形式逻辑"范围以内。但是我们认为,就其远景看来,不应当把作为数理逻辑的特征的、着眼在量的侧面的那种方法的运用,局限于"外延观点的形式逻辑",而有必要把它逐渐扩充到严格意义的形式逻辑的全部。

(《光明日报》1961年11月10日。)

所有有根类的类的悖论

对于类 A 而言,有一个由类组成的无穷级数 A_1,A_2,… (不一定都不相同)使得

$$\cdots \in A_2 \in A_1 \in A,$$

则称 A 为无根的。并非无根的类,被称为有根的。令 K 是由所有有根类组成的类。

假定 K 是无根的。那么有一个由类组成的无穷级数 A_1,A_2,…使得

$$\cdots \in A_2 \in A_1 \in K。$$

由于 $A_1 \in K$,A_1 就是一个有根类;由于

$$\cdots \in A_3 \in A_2 \in A_1,$$

A_1 又是一个无根类。但这是不可能的。

所以,K 是有根类。因而 $K \in K$,并且我们有

$\cdots \in K \in K \in K$。

因此，K 又是无根类。

这一悖论跟所有非循环类的类的悖论以及所有非 n - 循环类的类的悖论（n 是一个给定的自然数）一起，形成了一个三体联合。其中第三个悖论有一个特殊情况就是，所有不属于自身的类的类的悖论（n = 1）。

更精确地说，一个类 A_1 是循环的，仅当有某个正整数 n 和类 A_2，A_3，$\cdots$，A_n 使得

$$A_1 \in A_n \in A_n-1 \in \cdots \in A_1。$$

对于任一个给定的正整数 n 而言，一个类 A_1 是 n - 循环的，仅当有类 A_2，$\cdots$，A_n 使得

$$A_1 \in A_n \in \cdots \in A_2 \in A_1。$$

十分显然，通过类似于上面的讨论，我们就得到一个所有非循环类的类的悖论，以及对各个正整数 n 得到一个所有非 n - 循环类的类的悖论[①]。

[①] 审稿人指出，在 *Mathematical Logic*（美国马萨诸塞州剑桥市，1951 年修订版）一书的第 128 页至第 130 页上，W. V. Quine 证明了一个结果，这结果相当于所有非 n - 循环类的类的悖论。

清华大学，北京

（原文为英文，美国《符号逻辑杂志》第18卷第2期，1953年6月，第114页。1952年12月收到。张清宇译。）

两个语义悖论

考虑这样一个命题：

(1) 我正在讲的不可证明。

假定这个命题可以证明。那么它一定是真的，用它自己的话说，也就是它不可证明；这将跟我们的假定矛盾。

假定它可以证明将引出矛盾，因此这命题不可证明。换句话说，这命题是真的。这样，我们也就证明了这命题。

所以，这命题既可证明又不可证明。

在上述讨论的第二部分中，如果我们是在一个给定的形式系统 S 中来谈(1)的证明，那么我们就不能说已经在 S 中证明了这一命题。因为，很有可能这一论证无法在 S 中形式化。正如我们大家都知道的那样，哥德尔在他 1931 年的著名论文中确实证明了，在适当的系统 S 中可以构造一个声称自身在 S 中不可证明的命题。我们不妨回顾一下哥德尔所作的结论，它是说如此构造的命题虽是真的但在 S 中不可证明。所以，只要限于考虑给定系统中的可证性，我们也就不会因此而产生矛盾。

(1)的对偶命题如下：

(2)我正在讲的可以反驳。

假定这命题是真的，或者用它本身的话来讲，它可以反驳。那么它一定是假的，这就跟我们的假定相矛盾。

假定它可以反驳将引出矛盾，因此这命题是假的。这样，我们也就反驳了这命题。弄清这命题可以反驳，也就是说它是真的。

所以，这命题既真又假。再一次利用哥德尔的做法，我们就可在一个适当的系统 S 中找出一个声称自身在 S 中可反驳的命题。所要作的结论就是，这命题虽是假的但在 S 中不可反驳(即，它的否定在 S 中不是可证明的)。

也许有意思的是要看到，在对所给语言能形式化的东西未作精确刻画时，(1)和(2)只不过分别是两个悖论序列的首项。首先考虑跟(2)有关的下列命题：

(2_1)可以证明我正在讲的可以反驳；

(2_2)可以证明"可以证明我正在讲的可以反驳"；等等。

这些命题中的每一个都既真又假。例如考虑(2_2)。如果它是真的，那么由可证命题都真可知，(2_2)在去掉最初四个字"可以证明"和双引号后所得的命题是真的，后者再去掉"可以证明"四个字后也是真的。这也就是说，(2_2)可以反驳，即，被证明为是假的。所以，(2_2)是假的。

这一讨论确立了(2_2)的虚假性，因此(2_2)可以反驳。确立了(2_2)可以反驳，因而也就可以证明(2_2)可以反驳。同样我们也可以得出结论，可以证明"可以证明(2_2)可以反驳"；也就是说，(2_2)是真的。

类似地，我们还可把这一讨论推广到(1)上来证明下列各个命题既可证明又不可证明：

(1_1)可以证明我正在讲的不可证明；

(1_2)可以证明"可以证明我正在讲的不可证明"；等等。

北京大学

（原文为英文，美国《符号逻辑杂志》第20卷第2期，1955年6月，第119—120页。1954年4月17日收到。张清宇译。）

中国古代辩者的悖论

1947年我在英国牛津，Hughes要我替英译冯友兰《新原道》写一篇书评。当时我答应了。但因为不同意冯友兰的一些说法，结果只是把我自己关于"辩者"的想法写下，然后很简单地介绍了一下道家和儒家的思想。残缺的手稿A就是关于"辩者"那部分的初稿。定稿时又加进了手稿B这部分材料，才交给Hughes。回国后，这两个手稿都交给了耗子们用牙齿去批判。后来我想把它们重新整理一遍，但只开了一个头，没有写下去，这就是手稿C。写手稿C的时候，为了把《庄子·惠施》篇所举的论题补全，又匆匆地写了手稿D，未加审订。写手稿C和D的时间已经记不清楚了，大概最早不能早过1949年前后，最晚也是在合并到北京大学以前。① 这四个手稿中的许多想法都和后来不同；这回我把它们都誊清一份，以供参考。

手稿C

下文首先试图测拟关于二十二条无名氏悖论或"诡辩"的论证，其断案载于《庄子·天下》篇。测拟，当然谈不上精确，顶多不过是大概如此的提示。部分资料，有助于再现这些古代辩者思想原貌者，将一边测拟，一边引用；特别注意在有助于理解我的论证之处引用。接着试图测拟关于惠施的那些论题的论证，那些论题亦见于《天下》篇。然后摘要论述三个主要论题或悖论，其论证都保存在《公孙龙子》书中。

释义的一般原则，我大致上遵循冯友兰教授的《中国哲学史》，不过在细节上我和他的不同亦不可忽视。这些不同之处，只有一部分在下文中说明了理由，因为详尽的讨论会使我们离主题太远。

---

① "合并到北京大学"，系指1952年院系调整，全国各高校的哲学系都合并到北京大学。——《沈有鼎文集》编者注

我获得的印象是：这些无名氏的悖论，有许多产生于惠施提出他自己的悖论之前；我还确信，后期墨家第一个对无名氏悖论作出解答，不过稍晚一些。可是有些精密的论证，见之于以伟大辩者公孙龙命名的书中者，至少就其现存的形式而言，似乎比后期墨家晚得多；因为我们在其中发现后期墨家著作的片段，而引用的意义又与原文无关。讨论这些难题，只有留待将来的机会了。

要对中国古代辩者作出哲学的评价，务必时时注意，一方面，自其悖论中抽出真理的成分；一方面，在其悖论中找出错误的成分。找出形式的谬误（存在于绝大多数的论证中），也许无须有劳哲学家，尽可让初学形式逻辑的学生当作练习题来做。

各条悖论的编排，不是按其在原文中出现的顺序，也不是以某种分类原则为基础。除了为论述方便需要把哪一条放在哪一条之前以外，都是把它们任意放在一起。我深信，分类编排会把它们搞得要死不活，就像诗在分类选集中那样。

让我们现在从无名氏悖论开始。它们至今无人能解，因为它们的论证实际上一条也没有保存下来。只有少数可以寻出踪迹，相当可靠；其余就只好付之猜测，不过有可能猜对而已。

1. "孤驹未尝有母"。为这条悖论提出论证很容易。驹有母时当然不是孤驹。(比较《列子》。)

2. "鸡三足"。说鸡"足",并未确指其"左足",亦未确指其"右足"。此"足"既非此左足又非此右足,故与此二者共计为三。这番论证,大体上还保存在晚出的《公孙龙子》中。

3. "火不热"。这个论题在《墨子》的后期墨家诸篇中遭到反驳,后期墨家要我们相信"火热"。他们的解释是,火不只使人觉得热,而是它本身热,热之性是火的客观属性,就像以目见的某对象之白色。我们断言,辩者的主张一定恰好相反:火只使我们(觉得)热,而它本身并不热。

4. "目不见"。《墨子》的后期墨家诸篇中有云:"智以目见。而目以火见,而火不见。"(我们以目见,而目亦见。我们以火见,而火不见。)这就是说,目是所用的器官,不同于火,火不过是所用的条件或手段。可是辩者的主张一定相反:我们以目见,目本身并不见,正如我们以火见,火本身并不见。说无目则不能见,这样说是对的;但是说无火(即光)则不能见,这样说同样是对的。

5. "一尺之棰,日取其半,万世不竭"。假定物质是连续不断的,随你过多少万年,当然还有其半。对于我们现代人,这不是悖论了。不过我们发现,这个论题(下阕)未完。

手稿 A

(上阙)后期墨家接受了这个论题,(译按:当是"镞矢之疾,而有不行不止之时。"①)但是理解不同。他们以为,瞬间或"时无久"不过是久或时的可能有的最小单位。《墨子》的《经》和《经说》诸篇有云:"行修以久。"(《经下》)"止以久也。"(《经上》)"时或有久,或无久。"(《经说上》)(就是说,"时"或由一个单独的不可分的单位构成,或由一系列许多这样的分立的单位构成。无论"行""止",都要有一个以上的这种单位或瞬间。)"止,无久之不止,当'牛非马';若矢过楹。有久之不止,当'牛马非马';(译按:孙诒让本,伍非百本,均作'马非马',无'牛'字。)若人过梁。"(《经说上》)最后这段话,试借下图以明之:

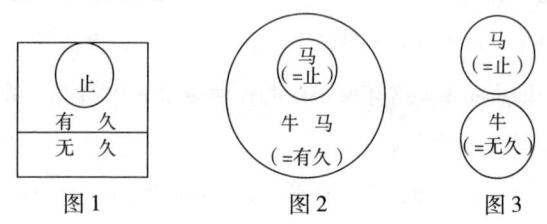

止
有 久
无 久

图1

马
(=止)
牛 马
(=有久)

图2

马
(=止)

牛
(=无久)

图3

---

① 即悖论6。后文中还有提及,见本书第25页。——编者注

"牛马非马"由于不是全称肯定。《经说下》云："则牛不非牛，马不非马，而牛马非牛非马，无难。"这样，"牛马非马"就表示特称否定，而"牛非马"表示全称否定。无久者不止：是全称否定。无久之不止，用形象表示，就是矢过楹，它只要单独一瞬间，而我们的注意也要限于矢镞和楹柱最近的部位。在此瞬间，虽然不止，但是亦无任何行程。不是一切有久者止：是特称否定。有久之不止，用形象表示，就是人过梁。行过桥梁全长要许多"瞬间"。后期墨家作出的这些思辨，与他们否认空间时间无限可分性，如何保持逻辑连贯，我们难以想象出来。

7. "飞鸟之影，未尝动也"。真够奇怪，这个论题，后期墨家竟毫无保留地接受了。《经下》云："景不徙。""动"的影子，实际上是时刻都在更新的影子，每次更新都产生一个不同的影子，占着不同的地方。《经说下》云："光至，景亡。若在，尽古息。"若把影子看作实体，显然有些古怪。动着的影子没有动量，也决不会打击任何东西。柱影下午变长，不用材料供应。既然如此，则这条悖论，虽有芝诺味，只与飞鸟之影有关，而与飞鸟本身无关。[冯氏以为，后期墨家这个论题只是说静物(如柱子)影子移动问题，不是说飞鸟之影，在我看来是错了。]

惠施的"历物"是在另外的论题中展开的，这些论题如下：

"至大无外，谓之大一；至小无内，谓之小一。"这种形式的定义，并未告诉我们，大一像什么样子，小一像什么样子。这不是宇宙论的理论。为什么要用"一"这个描述词，著者没有解释。惠施心中可能是想：要生成"多"，有两种方式可供选择，分、加。所有的数或事物的多，最终都是由大一分来，或是最终由小一加小一而来。

"天与地卑，山与泽平"。对于现代人，这些都是老生常谈，因为现代人不仅以地为球，甚至知道哥白尼的革命，所以根本无法看出这些悖论如何超出常规。

"日方中方睨，物方生方死"。这个论题前半截对于古代人是悖论，可是现代人听来却很平常，因为对于区别的连续性司空见惯。后半截令人想起怀特海和赫拉克里特①。

"今日适越而昔来"。这话完全正确，只要"而"字在说的时候放慢，慢到至越以后再说"昔来"。故此断言为真，如它所说。

"泛爱万物，天地一体也"。《墨子·经下》有云："物一体也。"这含有两个议论：（1）每个单独的物是一体，（2）若将

---

① 今译赫拉克利特。——编者注

所有的物集合而统摄之，则仅有此一物。墨家总是欢迎有利其兼爱学说的任何议论。后期墨家看来真的窃取了辩者的这些议论。说来奇怪，他们竟十分满足于这些 omne est unum（一切即一）的证明。这两个议论，包括个别的和集合的，似乎都是纯粹咬文嚼字。但是个别的议论也有集合的力量；因为它表明所有的物都有某种共同的东西，从而能组成一个单独的物类，即使这种共同的东西只是形式的、鸡毛蒜皮的。这样才能得到惠施对此论题毫无歧义的集合陈述，虽然他统摄这些议论的方式还可以更哲学一些。

在这些"悖论"中可以看出两种相反的逻辑方向。悖论5和上述全部惠施的论题，除了第一条，中心围绕着相对、变化、合异、无限等概念。一切区别都是相对的，这个概念在惠施的动力一元论中登峰造极，激发道家庄子写出他的哲学。另一方面，悖论1、2、3、4、6、7以及惠施的第一条论题，强调分离、不变、绝对等概念。辩者思想的这一方面还是萌芽，比较自觉地加以发展的人是公孙龙，他是古代这些辩者的最后一人。《公孙龙子》中有三条充分展开了的论题：

1. "白马非马"。这条命题看来要比后期墨家的"牛马非马"晚出。公孙龙作出了两种论证。一种就外延不同立论，其论证是："白马"排除黄马、黑马，"马"则不然。排除黄马、黑马者不能是不排除黄马、黑马者。一种就内涵不同立论，其论证是："白"是一种颜色，当然不是"马"，马是一种动物。"白马"是"马"加"白"，所以不是"马"。若问："马"加"白"的合成物，仍可单只以"马"名之吗？对此的回答是：这个"白"若是与"马"邻接而无决定作用的"白"，也就无妨省掉它，因为其他成分并不因此受影响。但是这个"白"在"白马"中有决定作用，而为此"白马"之"白"，因此不可随意省掉。

2. 著名论题"离坚白"有早期形式、晚期形式。公孙龙继承其前辈者是早期形式，它断言：没有坚白石，只有坚石、白石。因为我们以手摸到坚石，以目见到白石，可是怎么也找不到坚白石。我们所见到的白石，与我们所见不到的坚石，一定分离。这个看法在"墨经"诸篇中遭到反驳，《经下》云："无久与宇：坚白。"其解释是："坚白之樱相尽。"（《经说上》）这话的意思是：坚白互相渗透，即使在一个单独的"点－瞬间"之内也互相渗透。我们知道，"点－瞬间"兼指几何学的和物理学的。（冯氏在其《中国哲学史》中对这话作出完全不同的解释，我细按原文，觉得不可能那样解释。）

早期辩者这个古怪的认识论论题，到公孙龙变成了本体论论题，因此他接着说：你若说坚和白不是互相分离，因为坚和白都在石中。我却证明坚和白都与石分离。当我们说

"白",这个"白"并未确定为一个特殊的物的属性,实际上"白"为一切白的物所共有。既然如此,它怎么会在石中呢?再者,"白"若不是"白"自身,它怎么能使白的物白呢?"白"一定是"白"自身。但是既然如此,也就不需要有它使之白的白的物,因为没有白的物它仍然是"白"。这也适用于"坚"。在"坚"成为它所联结的物的属性以前,它一定是"坚"自身。这个分离的"坚"——尚无它使之坚的坚的物存在——在世界中没有地方存在。"坚"的确离开万物而隐藏了。说它专属于石,何其谬哉!

公孙龙发现的抽象(上例中的"坚""白"),用罗素爵士模糊的术语来说,就是没有存在的"潜存",在某些方面具有十足的现代色彩,虽然它使人遥远地联想起柏拉图。以最坚决的语调肯定的形式因的 chorismos 或共相,对于惯用传统思维方式的人,很可能造成震耳欲聋之感。因为即使是柏拉图的"理"(Idea),也从来没有在如此稀薄而荒凉的气氛之中!

3. "物莫非指,而指非指"。意思是:一切物都是属性,但是属性不是属性。这个论题原文费解,而看来却比前两条更真实。(这个论题的前半截,划为"合同异"型悖论,较为恰当。)其大意似乎是:属性就是像坚之性、白之性这样的东西。我们说:此石坚。此石,是一物;坚,是一属性;在此命题中两者同一。任举一个特殊的物，总能指出某种属性，可作它的谓语。所以一切物都是属性。但是属性的本身，由以上论题可见，都不是特殊的物的属性；换言之，它们都不是属性。

手稿 B

8. "卵有毛"。有毛的鸟，都曾经一度是卵。若说卵无毛，会导致这样的结论：这些鸟不是来自原来的那些卵，因而破坏个体有机体的同一性。

9. "犬可以为羊"。这种事虽然在实际上绝未发生，可是说它可能或可以发生并无矛盾。

10. "白狗黑"。称此狗为白狗，是因为它的毛是白的。它的眼球却确切是黑的，为什么不因此称它为黑狗呢？两种叫法，显然在逻辑上有同等理由，所以同等正确。不过《墨子》向我们提出了警告：不要信赖这样的类推。《小取》云："之马之目盼则为之马盼，之马之目大而不谓之马大。之牛之毛黄则谓之牛黄，之牛之毛众而不谓之牛众。"

11. "规不可以为圆"。圆早已存在于空间中那个地方，圆规不过把它画出来。

12. "轮不辗地"。若一轮"辗"地，它必须至少接触一些地面。但是事实上地面并无任何部分，在任何一瞬，与此轮周面任何部分重合。由于这两个东西在任何一瞬也决不能在任何部分——无论多小的面上彼此相交，所以它们也不可能在某一整段时间内，竟会在某个表面彼此相交。若用另一方式看这件事，则此轮在转动时，轮上并无一点与地上任何一点曾经重合了一段——不论是多么短的时间。所以在假定是轮辗地的全部时间内，轮与地两者，彼此根本没有任何接触。

13. "丁子有尾"。"丁子"即蛙。蛙原是蝌蚪，成蛙便失去它们的尾。但是它们不可能失去它们的尾，除非尾原是它们的。这和前面讲的"卵有毛"是一个道理。

14. "龟长于蛇"。tortoise（龟）有八个字母，snake（蛇）只有五个字母，龟长于蛇，毫无疑问。中国早期的象形表意文字，"龟"字的写法，无论在长度上、在复杂程度上，都超过"蛇"字的写法。对于现代人，这个"悖论"可能一文不值，因为我们惯于使用引号，在龟字、蛇字上加个引号就完了。可是在实际上，那些逻辑实证论者，他们混淆了"概念"与"名称"，似乎也不过比这些辩者稍胜一筹而已。

15. "矩不方"。矩的用途，是确定任何一个所与的角是否直角。它是一切直角的标准，因此没有一个角可以说是直角，除非它通过了矩的测定。为了能说矩本身是方的，就必须用另一个矩来量，如此进行，ad infinitum（以至无穷）。但是这显然是不可能的。所以矩不方。若说两矩可以互为标准，这也不通；因为若没有首先确定了一个矩为标准，谁也无权用它去测定另一个矩。

16."山出口"。我说"山"时，不是在发出没有意义的声音。它是有意义的声音（在本例意指实在的山），而出自我口。庄子云："夫言非吹也。"（《齐物论》）[荀子提到这个诡辩："(山?)入乎耳，出乎口。"（《劝学》）]

17."黄马骊牛三"。骊是黄、黑混杂。首先，牛是黄牛，因为有黄毛。其次，牛是黑牛，因为有黑毛。如此合在一起有一匹黄马、一头黄牛、一头黑牛：数目就是三。

（原文为英文，涂又光译，《沈有鼎文集》，人民出版社，1992年。）

"辞"和同异

由名构成"辞",即命题、语句。"辞"所表达的"意"即是判断:

> 以辞抒意。(《小取》)
> 闻,耳之聪也……循所闻而得其意,心之[①]察也。(《经上》)
> 言,口之利也……执所言而意得见,心之辩也。(《经上》)

言和闻是口、耳的作用,但离了心智的辨察就变成毫无意义。语言和思想是密切联系着的,不能割离,也不可混同。在人

---

① "之"旧作"也",从毕沅校改。

们的思想交流中，从听者方面说，乃是由"辞"得"意"。从说者方面说，则是有了"意"然后借口说的"辞"得以表现。

判断是反映现实的。判断符合于事实，则表达判断的语句自然也符合于事实，那么这判断、这命题就都是真的。这种言合于实的情形叫作"当"。要言合于实，除了要求意合于实外，还假定着言合于意这一条件，即语句必须忠实地说出判断来。言合于意的情形叫作"信"，言不合于意乃是说谎：

> 信，言合于意也。(《经上》)不以其言之当也。使人视城得金。(《经说上》)

言合于意，意合于实，言就既"信"且当。言合于意，意不合于实，言就"信"而不当。所以说"信，不以其言之当也"。意合于实，言不合于意，说谎的结果言也不合于实，言就既不"信"又不当。意不合于实，言又不合于意，一般说来在这情形下言也是既不"信"又不当。但有时言虽不合于意，凑巧与事实符合。例如甲骗乙说："城门内藏有金。"乙去一看，果然有金。实际上甲并不知道，只是信口胡说。这就是言虽当而不"信"。

判断有肯定有否定。这是反映现实事物的同和异的。《墨

经》区别多种"同"和多种"异":

> 同:重、体、合、类。(《经上》)二名一实,重同也。不外于兼,体同也。俱处于室,合同也。有以同,类同也。(《经说上》)
>
> 佲①,异而俱于之一也。(《经上》)二人而俱见是楹也。若事君。(《经说上》)
>
> 异:二、不②体、不合、不类。(《经上》)二必异,二也。不连属,不体也。不同所,不合也。不有同,不类也。(《经说上》)
>
> 重同、具同、连同、同类之同、同名之同……是之同、然之同、同根之同。有非之异,有不然之异。有其异也,为"其同也③异"。(《大取》)

---

① "佲"旧作"同",今改。《经说》标"佲"字,所论又在"重、体、合、类"四"同"之外别为一种,故据改。一字有多义,中国文字往往加偏旁区别之。战国时学者盖愈甚。《荀子·正名》篇:"心虑而能为之动,谓之伪。虑积焉,能习焉,而后成,谓之伪。"两"伪"字意义不同,疑偏旁亦有不同。自文字统一后,偏旁之繁复者或废而不用,抄写者遂不复分别也。《墨子》一书,历代鲜事校勘,故所保存之古字独多,如"知"之某一意义作"恕","同"之某一意义作"佲"等。

② "不"字旧脱,据毕沅校增。

③ "为其同也"旧重出,今删四字。

"辞"和同异 / 033

我们分八项来说明：

（一）中国语言中"同"字通常有"相同""一同""共同"三义，"相同"又有"同一"和"同类"之别。"同一"在《墨经》名为"重同"，如孔子和仲尼，二名一实。一般地说，凡肯定判断都是表示主词所指对象的全部或一部和谓词所指对象的全部或一部之间的"重同"。

（二）"同类之同"是二物有或多或少的相同之处。这在狭义《墨经》名为"类同"。如此牛和彼牛，白马和黄马，又如白马之白和白石之白。"类同"也可以说是二物从某方面看来本质相同。就内涵说，肯定判断"这是牛"就意味着这牛和先前已知的那些牛之间的"类同"，"牛是动物"也意味着牛和其他动物有一定程度的"类同"。

（三）"一同"是二物在一起。这在狭义《墨经》名为"合同"，在《大取》篇名为"具同"（"具"通"俱"），如二人合处一室。

（四）《墨经》所说"体同"比"合同"更密切，就是二物不但在一起，并且是某物（某一全体）的两个构成部分，如树根和树干。因为一物的任何两部分总是直接或间接相连的，所以《大取》篇名之为"连同"。

（五）"共同"与"类同"相近。"类同"是二物有相同的性质。"共同"则是二物与第三物有相同的关系，例如二人共见一楹、二人共事一君。中国语言中"同"字作"共同"解时，通常只作副词用。《墨经》把这副词的"同"写作"侗"，不认它为"同"的一种，所以加上人旁，还说"异而俱于之一也"。"俱于之一"解为"皆与此一有某种关系"。

（六）《墨经》列举四种"异"，与"重、体、合、类"四种"同"一一相当。任何二物必然不同一，所以说"二必异"。辩者惠施所说"万物毕异"本来也是根据于这一点。其他三种"异"都无须解释了。

（七）此外《大取》篇还举了几种"同"和几种"异"。"同名之同"和"同根之同"都不须解释。"是之同"和"非之异"是真理和错误，"然之同"和"不然之异"是肯定和否定。有了客观事物的同异，才有判断中的肯定和否定。判断与所反映的事物有符合、有不符合，这就是真理和错误。

（八）"其同也异"的"异"则如"重、体、合、类"四种"同"各不相同。

"类同"和"不类之异"是本质上的同异。"明同异"主要是明"类同"和"不类之异"。《大取》篇尚有与"类同"和"不类之异"有关的两段文字：

小圜之圜与大圜之圜同。不①至尺之不至也，与不至钟之不至②异。其不至同者，远近之谓也。

　　长人之与短人也③同。其貌④同者也，故同。指之人也与首之人也异。人之体非一貌者也，故异。将剑与挺剑异。剑以形貌命者也，其形不一故异。杨木之木与桃木之木也同。

孟子在与告子的辩论中也提出了"白羽之白也犹白雪之白，白雪之白犹白玉之白"，"白马之白也，无以异于白人之白也"（《孟子·告子上》）。这和这里所说"小圜之圜与大圜之圜同"，"杨木之木与桃木之木也同"，词句都相仿佛。可见别同异的问题是公元前4世纪一个热闹的题目。"不至尺"和"不至丈"，虽然一近一远，其"不至"同。但"不至尺"和"不至钟"则一关远近，一关容量，故其"不至"异。《大取》篇又说"是一人之指乃是一人也"，似乎认为个别的人指或人首可以称为个别的某人，这正如称北京猿人的头骨为北京猿人一样。人

---

① "不"旧作"方"，从孙诒让校改。
② "不至"二字旧倒，从王闿运校乙。
③ "与"旧作"异"，"也"旧作"之"，从俞樾校改。
④ 〔按此段三"貌"字亦皆"类"字之讹，说见前。〕

指和人首虽同称为此人("之"训此),仍然是不同的肢体。"将剑"和"挺剑"虽同名为"剑",其实是两种不同形式的武器。

全称判断的表达方式,在古代中国语言中是用一个"尽"字:

> 尽,莫不然也。(《经上》)俱①止,不②动。(《经说上》)

例如《兼爱中》篇"越国之宝尽在此"就是全称判断。表达全称判断有时也用"俱"字。说某物"动"是说某物的部分"或徙",那么说某物所有的部分"俱止"就是说某物"不动"。

特称判断的表达方式,在古代中国语言中是用一个"或"字:

> 或也者,不尽也。(《小取》)

---

① "俱"旧作"但",从孙诒让校改。
② "不"字旧脱,今增。"动"为"或徙",故"俱止"为"不动"。

例如《非命上》篇"今天下之士君子或以命为有"就是特称判断。又如"马或白"(《小取》)。《墨经》认为"马或白"有"马不尽白"的意思,这是因为在日常语言中特称肯定判断的一般表达方式是隐含着特称否定判断的,反之亦然。("或"字到后来又引申为"或者""可能"的意思,在《墨经》中还没有这用法。《小取》篇明说"一马"不能"或白"。)

必然判断的表达方式,在中国语言中是用一个"必"字:

必,不已也。(《经上》)若弟兄。一然者一不然者必"不必"也,是非"必"也。(《经说上》)

必也者可勿疑。(《经说上》)

例如《贵义》篇"贫家而学富家之衣食多用,则速亡必矣"就是必然判断。又如"有弟必有兄"。"必"比"尽"更进一步:"尽"是"全都如此","必"是"全都如此并且一直如此下去"。"必"涵蕴"尽"。"一然者一不然者"是"不尽然",所以一定是"不必"而不是"必"。

《墨经》指出关系判断的特点是在于它的不可割裂性:

> "苟兼爱相若，一爱相若，一爱相若。"其类在死蛇①。(《大取》)

"甲和乙是湖南人"这句话可以拆成两句："甲是湖南人，乙是湖南人。"但"甲和乙是朋友"这句话就不能拆成："甲是朋友，乙是朋友。"另一个例是"爱甲与爱乙相若"这话如果拆成两句——"爱甲相若，爱乙相若"——就没有意义了。好像一条活蛇用刀切成两段，就成了死蛇。

关于词项在语句中的周延性，《墨经》有精辟的讨论：

> 爱人待周爱人而后为爱人。不爱人不待周不爱人：失②周爱，因为不爱人矣。乘马不③待周乘马然后为乘马也：有乘于马，因为乘马矣。逮至不乘马待周不乘马而后不乘马④。此一周而一不周者也。(《小取》)

墨家主张兼爱，所以认为不周爱人就是不爱人。照《小取》篇

---

① "蛇"旧作"也"，郎兆玉本作"虵"，与"蛇"通，今据改。
② "失"上旧有"不"字，今删。"不失"义不可通。
③ "不"字旧脱，从王引之校增。
④ "而后不乘马"旧重出，从王引之校删五字。

的说法，"爱人"和"乘马"是"一周而一不周"，"爱人"和"不爱人"也是"一周而一不周"。"不乘马"和"乘马"又是"一周而一不周"，"不乘马"和"不爱人"当然也是"一周而一不周"。

《墨经》有"牛马非牛"的论题：

> 牛马之非牛与可之同。说在兼。(《经下》)"或不非牛而'非牛也'可，则或非牛或牛而'牛也'可①。故曰：'牛马非牛也'未可，'牛马牛也'未可。"则或可或不可，而曰"'牛马牛也'未可"亦不可。且牛不二，马不二，而牛马二。则牛不非牛，马不非马，而牛马非牛非马，无难。(《经说下》)

"牛马非牛"这论题引起了难者的反驳。难者说：牛马一部分不非牛一部分非牛，而你认为"牛马非牛也"这话是正确的，那么牛马一部分不是牛一部分是牛，你也该认为"牛马牛也"这话是正确的了。所以照我看来，"牛马非牛也"这话不正确，"牛马牛也"这话也不正确。《墨经》答难者说："牛马非牛也"

---

① 〔按"牛马非牛"条，《经说》首句当作"或不非牛或非牛而'非牛也'可，则或非牛或牛而'牛也'可。"此处前后文字必须相应，故"或非牛"三字不可不删。〕

逻辑学讲话

和"牛马牛也"是一对矛盾命题，必有一正确一不正确。(因为在这里只有两句话，所以"或可或不可"等于"一可一不可"。)你既认为我的"牛马非牛也"这话是不正确的，那你又认为"牛马牛也"这话是不正确的，显然不行。说"牛马非牛也"和说"'牛马非牛也'可"是完全一样的，说"'牛马非牛也'未可"和说"牛马非牛也"也是完全一样的。这里难者把"牛马非牛"解成"牛马尽非牛"，而《墨经》所说"牛马非牛"只是"牛马非尽牛"的意思。换言之：难者把"牛马牛也"和"牛马非牛也"认作全称肯定和全称否定，因此排中律就不适用于这样一对反对命题，而二者中间还容许一个"两不可"的立场。《墨经》则把"牛马牛也"和"牛马非牛也"认作全称肯定和特称否定，因此排中律就适用于这样一对矛盾命题，而二者必有"一可一不可"了。"牛马"一词项在这两个命题中也是"一周而一不周"。

"牛马非牛"的另一个论证是："牛马"兼"牛"和"马"两样东西("牛马二")，而"牛"则不兼两样东西("牛不二")，所以"牛马非牛"。根据同样理由，我们也应当说"牛非牛马"，这就已经和后来公孙龙的"白马非马"差不太远了。唯一和公孙龙划清界限的办法是把"牛马"看作集合名词。(这样不免增加麻烦，详情参看作者所著《墨经的逻辑学》一书第六节。)

"说"和"辩"的原则及个别方式

单用一个语句、一个论题把我们对于一事物的判断表达出来还不够，充足理由律还要求我们把达到这样一个结论所根据的理由说出来，这样就容易避免主观的武断：

> 以说出故。(《小取》)
> 说，所以明也。(《经上》)
> 服，执说①。(《经上》)

"故"是根据、理由。"说"就是把一个"辞"所以能成立的理由、论据阐述出来的论证。有了论证，才能说服别人。有时举例来说明一个一般性的规律或定义，也名为"说"。举例的

---

① "说"旧作"锐"，据郎兆玉本改。

方法本来和归纳论证很邻近。《经说上》《经说下》就是要来逐条说明《经上》《经下》的。《经下》除了极少数例外，每条都有"说在……"字样，也是把论据或例证用一两个关键字标出，然后在《经说下》里详细讲明。《墨经》这样看重"故"和"说"，乃是承继了墨子原有的精神而加以发扬光大的。

在论证过程中，论据用前提说出，结论则倚赖于前提而得以成立，最后达到的结论也就是要论证的论题。思维领域中的这种倚赖关系，乃是自然界一切事物间普遍存在着的各种相互倚赖关系——特别是因果关系——的反映。一现象产生所倚赖的条件，包括产生这现象的原因（即有决定性的那一条件），《墨经》也名之为"故"：

> 故，所得而后成也。（《经上》）小故：有之不必然，无之必不然。体也。若有端。大故：有之必①然。若见之成见也。（《经说上》）
>
> 非彼必不有，必也。（《经说上》）
>
> 使：谓、故。（《经上》）令，谓②也。不必成。湿，

---

① "必"下旧有"无"字，从梁启超校删。
② "谓"字旧重，从梁启超校删其一。

故也。必待所为之成也。(《经说上》)

乙得甲而后成，那么甲就是乙的"故"。"小故"是一现象的必要条件。说"无之必不然""非彼必不有"，这和拉丁文的 conditio sine qua non 意思完全一样。例如尺（一尺长的直线）必有两端，无端即不成为尺。但"小故"只是一现象所倚赖的条件的一部分，所以说"体也"。这一部分条件是不充足的，所以"有之不必然"。一现象所倚赖的条件的总和就是"大故"，"大故"才是真正的"故"。"大故"具备了，这现象就不可避免地要发生。例如"见之成见"需要很多条件：人目的视力、光线、对象与人目间的适当距离等等。这些条件齐备了，这人就一定见物。大故"使"某现象发生，说"使"就"必待所为之成"。例如雨能湿地。地若不湿，我们不能说"雨使地湿"。（"湿，故也"的"湿"字不知何义。上例只是借用。）但中国语言中"使"字除了"故"以外还有一个意义："甲使乙见丙"只是"甲令乙见丙""甲叫乙见丙"的意思，乙未必能见着丙。所以"使"字作"令""谓"讲就"不必成"。

　　论证的每一步骤都是一个推论，也有论证只包含一个推论的。在推论中，结论有了适当的前提才能成立并且一定成立。前提正是结论的故，前提所说出的理由或论据就是上面

"以说出故"的"故"。但一现象的原因是"所以然",我们知道这现象存在,这知识所倚赖的根据是"所以知之"。"所以然之故"和"所以知之之故"有时相同,有时不相同:

> 物之所以然、与所以知之、与所以使人知之,不必同。说在病。(《经下》)或伤之,然也。见之,恕①也。告②之,使恕也。(《经说下》)

首先我们看《墨经》所举有关"亲知"的例。某人得病的"所以然之故"是"或伤之",例如寒暑风湿等。我们亲眼看见他的病状,但对于他的病因无所知,那么病的"所以知之之故"就是"见之"。("见之"乃是"知,接也"的"知",这正是"恕"的原因。)另一个人没有看见病人,我们把某人病了这事实告诉他,他就信了我们的话,那么在这例子里病的"所以使人知之之故"就是"告之"。这里"所以然""所以知之""所以使人知之"三者都不相同。就"说知"说,三者也有相同也有不相同的。(《墨经》只说三者"不必同",可见也有相同的。)我们可以另

---

① 两"恕"字旧均作"智",今改。
② "告"旧作"吉",从王引之校改。

举一些例来说明这道理。"所以然"和"所以知之"有时相同：例如望见窗外下雨，知道门外地湿。雨既是地湿的"所以然之故"，又是地湿的"所以知之之故"。但有时不相同：例如看见地湿知道下过了雨。雨的"所以知之之故"是地湿。但地湿是雨的结果，不是雨的"所以然之故"，雨另有其"所以然之故"。"所以知之"和"所以使人知之"也是有时相同，有时不相同：若是关于某一现象的存在所作的论证，我的"所以知之之故"即我所根据的事实也是某人所已知，那么我向某人提醒这事实就容易使他接受我的结论。这里我的"所以知之之故"也就是"所以使人知之之故"。倘若不是这样的情形，那么为了说服某人还须另想办法，找出某人已知的一个事实而同样可以证明这结论的，来充当"所以使人知之之故"。用印度因明的术语来说，对于同一的"宗"（结论），"自悟比量"（自己论证）和"悟他比量"（说服人的论证）所用的"因"（前提）不必相同。因为在"悟他比量"中，"因"必须"共许"（双方承认）才行。

　　墨者团体中有不少手工业者，每一行的手工业者都有一套代代相传的技术，《墨经》名之为"巧传"。《墨经》要求人们对于这样一套技术不要停顿在"知其然而不知其所以然"的水平上，必须探明其"所以然"。探明了"所以然"，这"所以然"

又转化为"所以知之",于是技术就有创进的可能。所以说:

巧传①则求其故。(《经上》)

由此可见《墨经》的逻辑学已经超过了辩论术的范围,成为具体科学的研究工具了。

上面我们泛论"所以知之之故"。特别就"说知"而言,这"所以知之之故"正是"以说出故"的"故"。现在我们要进一步研究怎样的"故"才真是"充足理由",才真能叫一个判断成立。

我们可以肯定地说:凡能把结论确实证明了的有说服力的证据,一定是有规律地与结论的内容联系着的。这客观规律就名为"理"。"理"是普遍规律,这普遍规律使我们确信:从这样的证据一定可以得出这样的结论来。这"理"、这普遍规律便是演绎推论的大前提,而原来那"故"、那证据在演绎推论中便成了小前提。但人们怎么能知道这普遍规律是确实可靠的呢?人们的认识总是由个别的事物开始的。要达到普遍规律,不能不从"类推"入手。归纳推论只是比较有系统的

---

① "传"旧作"转",今改。《经说上》:"观巧传。"此亦当作"传",于义为胜。

特别可靠的"类推"。总括起来说,"故""理""类"乃是"立辞"应该具备而不可缺少的三个因素:

> 《语经》:……三物必具然后足以生。……夫辞①以故生,以理长,以类行者也②。立辞而不明于其所生,妄③也。今人非道无所行:虽④有强股肱而不明于道,其困也可立而待也。夫辞以类行者也:立辞而不明于其类,则必困矣。(《大取》)

《语经》是《大取》篇的一部分。这里用"辞以故生,以理长,以类行"十个字替逻辑学原理作了经典性的总括。如果我们仅有一个论题,但没有论据,不能言其"故",那就是胡说("妄也")。《大取》篇以道路喻"理","理"正是在论证中指示道路的东西,我们必须遵循它才不至于受困。"理"的具体表现是"类"。"类"字在古代中国逻辑思想中占极重要的位置,我们必须给以正确的解释。"类"字的一个意义是相类,即上节所

---

① "夫辞"二字旧脱,从孙诒让校增。
② "者也"二字旧倒,从苏时学校乙。
③ "妄"旧作"忘",从顾广圻校改。
④ "虽"原作"唯",与"虽"通。

说的"类同",相类的事物有相同的本质。我们把相类的事物概括为一"类",这是"类"字的又一个意义。于是一类中的事物都是"同类",本质相同。不是一类中的事物则是"不类"、是"异类",本质不同。"明类"就是"明同异"。但"明同异"不是简单的事情,这是因为有些事物表面上不相似而本质上相同,也有些事物表面上相似而本质上不同。不被表面的现象所迷惑,能透过表象,了然于事物本质上的同异,这就叫作"知类"或"明类"。"辞以类行"是说一切推论最后总是要从"类推"出发。"类推"的根据在于事物间的"类同"。孟子说:"凡同类者举相似也。"(《孟子·告子上》)就是这个意思。归纳推论和类比推论都是用"类推"的方式进行的。但必须注意,我们这里所说的"类比推论"和西方人或现代人常说的"这只是一个类比"不同。古代中国人对于类比推论的要求比较高,这是因为在古代人的日常生活中类比推论有着极广泛的应用。不仅古代如此,就在现代,掌握得好的类比推论也能使一篇演说生动而有说服力。善于运用类比推论的,一定是能在表面上不相似的东西之间发现本质上的"类同"的人。在类比推论中最容易出的毛病,就是本质上不同的东西看着表面上相似,因而误认它们为相同的,而实际上与所讨论的问题无关,结果就不免要犯错误。强调"类"一方面固然是强调某些事物间的"类同"或本质的同一性,另一方面却正是强调各类事物的特殊的本质,也就是强调事物本质的差异性。古书中"类"字有时就可以用"本质"两字来翻译。"知类"其实就是"明理",就是辨别不同的本质,也就是认识每一种本质的特殊规律。这样才能在类比推论和归纳推论中避免一些易犯的错误。

我们可以从《墨子》书中举出两个例来说明"类"字的意义:

> 今逮①夫好攻伐之君又饰其说以非子墨子曰:"子以攻伐②为不义非利物与?昔者禹征有苗,汤伐桀,武王伐纣,此皆列为圣王,是故何③也?"子墨子曰:"子未察吾言之类,未明其故者也。彼非所谓攻,所④谓诛也。"(《非攻下》)

> 公输般⑤为楚造云梯之械成,将以攻宋。子墨子闻之,起于齐,行十日十夜而至于郢,见公输般。公输般曰:"夫子何命焉为?"子墨子曰:"北方有侮臣者⑥,愿

---

① "逮"旧作"还",从洪颐煊校改。
② "子以攻伐"旧作"以攻伐之",从毕沅校改。
③ "故何"二字旧倒,今乙。下文正作"是故何也"。
④ "所"字旧脱,从孙诒让校增。
⑤ "般"字原均作"盘",与"般"通。
⑥ "者"字旧脱,从俞樾校增。

籍子杀之。"公输般不说。子墨子曰:"请献十金。"公输般曰:"吾义固不杀人。"子墨子起再拜曰:"请说之。吾从北方闻子为梯,将以攻宋,宋何罪之有?荆国有余于地而不足于民,杀所不足而争所有余,不可谓智。宋无罪而攻之,不可谓仁。知而不争,不可谓忠。争而不得,不可谓强。义不杀少而杀众,不可谓知类。"公输般服。(《公输》)

在前一例中,"诛"和"攻"表面上相似而本质上不同。把"诛"和"攻"混为一谈是"不知类"。在后一例中,杀一人和攻宋表面上不相似而在本质上一是"杀少",一是"杀众",同为"不义","杀众"之为"不义"尤甚。公输般认杀一人为"不义"而不认攻宋为"不义",真是"不知类"。

我们在这里不妨借用一下印度因明的例子来说明"故""理""类"三因素的联系:

宗——声是无常。(所立之辞、结论。)
因——声有所作性故。(故、小前提。"辞以故生"。)
喻体——凡所作皆无常。(理、大前提。"辞以理长"。演绎推论。)

> 喻依、合——如瓶。瓶有所作性，瓶是无常。声有所作性，声亦无常。（类。"辞以类行"。类比推论。）

类比推论是推论的原始形式，在这形式中普遍规律只是隐含着没有说出。这里归纳和演绎也是隐含着没有明确地分化出来。（古因明的五支论式就是这样。）当普遍规律作为大前提明说出来的时候，人们就有了推论的第二种形式：演绎推论。（在佛教因明的三支论式和后期尼耶也宗的五支论式中就出现了演绎推论。）当人们再进一步把原来用作大前提的普遍规律当作结论来处理的时候，人们就发展了推论的第三种形式：归纳推论。而从认识角度看，归纳还先于演绎，因为人们的认识总是从个别的事物开始的。《墨经》尚没有明确的术语来分辨类比推论和归纳推论。

"说"必须遵守"类"，"辩"也必须遵守"类"：

> 以类取，以类予。有诸己不非诸人，无诸己不求诸人。（《小取》）

甲与乙同类，那么承认了甲就不得不承认乙，不承认甲就不能承认乙。这是"以类取"。甲与乙同类，那么对方承认了甲，我就可以把乙提出给他,看他是不是也承认;对方不承认甲,我就无须这样作。这是"以类予"。甲与乙同类,那么我承认了甲,对方主张乙,我就不能反对。这是"有诸己不非诸人",是"以类取,以类予"在积极方面的应用。甲与乙同类,那么我不赞成甲,我就不能要求对方承认乙。我的论证在某一点不彻底,我就不能要求对方的论证在某一点要彻底。这都是"无诸己不求诸人",都是"以类取,以类予"在消极方面的应用。

关于"类"这一概念,《墨经》还有两条可以在这里叙述。

辨别异类必须举出所要辨别的两类事物之不同的特征来:

> 狂举不可以知异。说在有不可。(《经下》)牛[①]与马虽[②]异,以"牛有齿,马有尾"说牛之非马也不可。是俱有,不偏有偏无有。牛[③]之与马不类,用"牛有[④]角,马无角",是类不同也。(《经说下》)

---

① 标"狂"字与下"牛"字旧倒,从张惠言校乙。(标字今一律省去。)
② "虽"旧作"惟",从孙诒让校改。
③ "牛"旧作"曰",从梁启超校改。
④ "有"字旧脱,从王引之校增。

"牛有齿,马有尾"两句话都是正确的,但用来证明"牛非马"则是"狂举"。齿、尾、牛和马都有,不是一边有一边没有。为了辨别异类,不是两类事物的任何属性都可以随便乱举(所谓"有不可"),必须举出此类事物全有而同时彼类事物全没有的特征来。

异类的量不能比较:

> 异类不吡。说在量。(《经下》)木与夜孰长?智与粟孰多?爵、亲、行、价①四者孰贵?(《经说下》)

空间的长短和时间的长短不能比较,智之多少和粟之多少不能比较,爵位的贵贱、亲属的贵贱、操行的贵贱、物价的贵贱四者不能互相比较。这都是由于"异类"、由于本质不同的缘故。

以下我们分别叙述"说"和"辩"的个别方式。

(一)"假"。"假"是有意与现实违反的假设:

> 假者,今不然也。(《小取》)

---

① "价"原作"贾",与"价"通。

> 假必诐。说在不然。(《经下》)假必非也而后假。狗，假霍也。犹氏霍也。(《经说下》)

"假"字有两个意义：一是假装，二是与当前事实违反的假设。无论就哪一个意义说，现实总不是如"假"所说的那样（"今不然"），因而如果我们把"假"当真，拿来与当前的一些事实凑在一起，那必然与理乖谬（"诐"）。例如就第一个意义说，把狗假装作霍（"霍"是一种动物的名称），狗仍然非霍，正如姓霍的人非霍一样。但"假"虽然与当前的事实违反，这假设（就"假"字的第二个意义说）不定在哪时候确有实现的可能。因此从这假设出发，我们仍然可以推出一些结论来。假设和结论在这里都是不符合当前事实的，但把两部分合起来构成一个假言判断，往往可以用来说明一些用别种方法不易说明的道理。《鲁问》篇有如下的一段话：

> 彭轻生子曰："往者可知，来者不可知。"子墨子曰："藉①设而亲在百里之外，则遇难焉，期以一日也，及之

---

① "藉"原作"籍"，与"藉"通。

则生，不及则死。今有固车良马于此，又有驽①马四隅之轮于此。使子择焉，子将何乘？"对曰："乘良马固车，可以速至。"子墨子曰："焉在不知②来？"

这就是用"假"即虚设的方式来作论证。而这是为了说明"来者可知"的道理，因此"假"这一论证方式是有积极意义的。

（二）"止"。"止"是用反面的例证来推翻一个全称判断：

> 止，因以别道。（《经上》）彼举然者，以为此其然也，则举不然者而问之。若"圣人有非而不非"。（《经说上》）
>
> 止，类以行之③。说在同。（《经下》）彼以此其然也，说是其然也。我以此其不然也，疑是其然也。（《经说下》）

对方举了一个（或一些）个别例子，来证明"圣人不指斥他人之非"。（简单的归纳。）为了反驳他，我只要举出一个相反的例

---

① "驽"原作"奴"，今从俗。
② "不知"旧作"矣"，从卢文弨校改。
③ "之"旧作"人"，从孙诒让校改。

子，就可以推翻对方这个普遍性的结论。既然对方所要证明的与我所要推翻的乃是同一内容，那么我的例子必须真是与对方的例子"同类"，即两者必须都是关于"指斥他人之非"这一问题的，这样才能针锋相对。(《经说上》的"此其然也"代表一个全称判断。《经说下》的"此其然也""此其不然也"可以代表两个单称判断，其中"此"字所指各不相同，两句"是其然也"则代表同一个全称判断。)通过"止"的方式，我于是可以把对方所说的本来不够正确的普遍性的道理，加以适当的限制和区分，得出一些正确的道理来("因以别道")。

(三)"效"。"效"是在"立辞"之先提供一个评判是非的标准，再看所立的"辞"是否符合这标准：

> 效者，为之法也。所效者，所以为之法也。故中效则是也，不中效则非也。(《小取》)

"效"是呈效、提供，不是仿效。提供了一个标准(一个原则、一个"法")，然后看所立的"辞"(和所用的论证)合这标准就是"是"，不合这标准就是"非"。那被提供作标准的东西或是道理就称为"所效"。

"法"字尚有比较广泛的意义，不只是"立辞"的标准。凡

拿来作为任何事物的标准、原则、模型的东西都是"法":

> 法,所若而然也。(《经上》)意、规、圆①三也,俱可以为法。(《经说上》)
>
> 一法者之相与也尽类②,若方之相合③也。说在方。(《经下》)方尽类④,俱有法而异。或木或石,不害其方之相合⑤也。尽类⑥,犹方也。物俱然。(《经说下》)
>
> 合,与一或复否。说在矩⑦。(《经下》)

"若"是依照、符合的意思。乙依照甲而成其为如此,那么甲就是乙的"法"。以作圆为例。《经上》说:"圜,一中同长也。"("圜"通"圆"。这定义与古希腊数学家所给的圆的定义完全相同。参看欧几里得几何学。)作圆可以用圆的概念即"一中同长"这原则、这思想作标准,也可以用圆规为准则,而圆

---

① "圆"原作"员",与"圆"通。
② "类"字旧脱,从孙诒让校增。
③ "合"旧作"召",从王引之校改。
④ "尽类"旧作"貌尽",从王引之校改。
⑤ "合"旧作"台",从王引之校改。
⑥ "类"旧作"貌",从王引之校改。
⑦ "矩"旧作"拒",从孙诒让引或人校改。

规即是"一中同长"这概念的形体化,也可以用一个现成的圆形为模范。意、规、圆三者无论哪一样都可以是作圆所用的标准。"法"是什么已经说明了,然后我们说:同"法"的事物必然"同类"。现在以用矩作方(古书上"方"字包括长方形)为例。作出的方物尽管有木石之异,但由于所用的"法"只是一个,这些方形都相合(九十度角与九十度角相合)。相合的缘故,因为都与矩合。(两物相合,可以直接把它们叠在一起来证明,也可以看它们与第三物——《经下》所说的"与一",例如与矩——都相合而证明它们彼此相合。)这些方物全都相类,因为不论怎样不同,总还是方("犹方也")。不但方形如此,其他事物也都是如此。

以下我们专论"立辞"的"法"。"立辞"的"法"有总有别。总的"法"就是所谓"三表":

> 子墨子曰:"言①必立仪。言而无②仪,譬犹运钧之上而立朝夕者也。是非利害之辩,不可得而明知也。故言必有三表。"何谓三表?子墨子言曰:"有本之者,有原

---

① "曰言"二字旧倒,从孙诒让校乙。
② "无"原作"毋",与"无"通。

之者，有用之者。于何本之？上本之于古者圣王之事。于何原之？下原察百姓耳目之实。于何用之？发①以为刑政，观其中国家百姓人民之利。此所谓言有三表也。"（《非命上》）

"三表"在《非命中》《非命下》都作"三法"。"运钧"这一句，参看《管子·七法》篇尹知章注："均，陶者之轮也。立朝夕，所以正东西也。今均既运，则东西不可准也。"（"均"通"钧"。）墨子提出了1. 过去历史经验的积累，2. 当前人民大众的耳目经验，3. 一种学说在社会政治实践中所发生的效用这三件事来作立言的"仪"、"法"、标准。这是总的、一般的"立辞"的原则。对于特殊问题或在特殊范围内，还可以有特殊的"立辞"的原则。这些原则（相当于《大取》篇所说的"理"）在各式各样的论证中是以大前提的姿态出现的，因此"效"这一论证方式就意味着演绎推论。

在这里我们可以附带说到另一问题，就是关于演绎推论的"法式"，《墨经》虽然没有如亚里士多德那样的精详的研究（下文所述的"侔"还只是直接推论），其实这些法式（或形式、

---

① "发"原作"废"，与"发"通。

格式)尽管与方才所说的大前提不大相同,也都可以看作一种"所效",归属到《墨经》所讲的"法"这个范畴里面去。

当我们比较两个"辞"或两个论证的时候,必须注意它们到底是"同法"还是"异法",就是说,能不能适用同一原则、同一法式来评判它们的是非。

> 法同则观其同。(《经上》)法取同,观巧传。(《经说上》)
>
> 法异则观其宜。(《经上》)取此择彼,问故观宜。以人之有黑者有不黑者也止黑人,与以有爱于人有不爱于人止①爱人,是孰宜?(《经说上》)

两个"辞"是"同法",而第一个确能成立,那么只要看第二个"辞"与第一个"辞"说法相同,就也能成立。"巧传"给了我们好些"同法"的例,如评判一物圆不圆一概可以用规为"法",评判一物方不方一概可以用矩为"法"。我们应该特别注意"同法"的例("法取同"),这样才能做到以简御繁,以一御无穷。两个"辞"是"异法",而第一个确能成立,那么第二个"辞"尽

---

① "止"旧作"心",从张惠言校改。

管在表面上与第一个相似,也还不能成立。如果没有现成的不同的"法"可以应用,那就只能"取此择彼",凭常识与经验来评判宜不宜了。要这样来评判,不能单看结论,还要看前提("问故")。现在有这样一个"止"式的论证:"某人黑,某人不黑,所以不是一切人都黑。"这是正确的。现在又有这样一个"止"式的论证:"某人被人爱,某人不被人爱,所以不是一切人都该爱。"这虽然在表面上与前一个论证相似,实际上是"异法",不能用评判前一个论证的原则来评判后一个论证,所以不能因为前一个论证是正确的就断定后一个也是正确的。我们知道,照墨家看来,后一个论证是不正确的,因为墨家主张兼爱。在后一个论证里面:"某人被人爱,某人不被人爱"说的是事实,"不是一切人都该爱"说的是正确行动目标的问题。前一个论证则说的全是事实问题。两个论证不能归在同一原则、同一法式之下。

(四)"譬"。"譬"是比喻:

> 譬①也者,举他②物而以明之也。(《小取》)

---

① "譬"原作"辟",与"譬"通。
② "他"原作"也",与"他"通。

论"譬"的功用,《说苑·善说》篇有如下的一段话:

> 客谓梁王曰:"惠子言事善譬。王使无譬,则不能言矣。"王曰:"诺。"明日谓惠子曰:"愿先生言事直言无譬也。"惠子曰:"今有不知弹者曰:'弹之状何若?'曰:'弹之状如弹',喻乎?"曰:"未喻也。""曰:'弹之状如弓而以竹为弦',则知乎?"王曰:"知矣。"惠子曰:"夫说者固以其所知喻所不知而使人知之。今王曰'无譬',则不可矣。"王曰:"善。"

逻辑学上所谓类比式的论证通常也只是"譬"。类比推论与比喻之间本来没有固定界限。我们举《耕柱》篇的一段话来作"譬"这种类比推论的例:

> 治徒娱、县子硕问于子墨子曰:"为义孰为大务?"子墨子曰:"譬若筑墙然,能筑者筑,能实壤者实壤,能晞①者晞,然后墙成也。为义犹是也:能谈辩者谈辩,能说书者说书,能从事者从事,然后义事成也。"

---

① 两"晞"字原均作"欣",与"晞"通。

(五)"擢"。"擢"是典型分析:

> 擢虑不疑。说在有无。(《经下》)疑无"谓"也。臧也今死而春也得之①,必②死也可。(《经说下》)

"臧"和"春"都是人名。臧得了一种无法医治的急病,死了。倘若把这个别的例作为典型,经过精详的科学分析以后,我们能肯定地说:"在现今医药条件下,得这病的必死"(典型分析式的归纳),那么我们发现春得了这病,我们就知道春必死(归纳后的演绎)。在这"虑"(追求、思考)的过程中,我们对于春的死毫不存疑,因为问题只在春有这病没有这病。既然我们确定知道春同臧一样也得了这病,那就是没有任何征象可以作为怀疑的根据了。(《经说下》:"无之实也,则无'谓'也。"就春的情况说,"疑"是没有客观基础的,所以无"谓"。)

---

① "之"旧作"文",从孙诒让校改。
② "必"旧作"文",今改。作"必"正与"不疑"二字相应,作"文"者涉上而讹。

（六）"侔"。"侔"是"复构式的直接推论"：

> 侔也者，比辞而俱行也。（《小取》）
> 狗，犬也，而杀狗非杀犬也不①可。说在重。（《经下》）狗，犬也。谓之杀犬，可。（《经说下》）

"狗，犬也；杀狗，杀犬也。"这是两"辞"相比而俱行。（"狗"和"犬"是二名一实的"重同"，参看第一节。）"复构式的直接推论"在古代中国语言中大都用这种表达方式，中间并不插"故"字。《小取》篇所举的例，第一个是"白马，马也；乘白马，乘马也"。（余见后。）当然，我们可以说"侔"里面也含有三段论的意思："白马是马。（大前提。）甲所乘是白马。（小前提。）所以，甲所乘是马。（结论。）"无论如何，"侔"这种直接推论在本质上是演绎性的。

（七）"援"。"援"是援引对方所说的话来作类比推论的前提：

> 援也者，曰："子然，我奚独不可以然也?"（《小取》）

---

① "不"字旧脱，从伍非百校增。

"援"和"譬"都是类比推论。它们的区别只在"譬"所用的前提是以众所周知的事实为内容的主方自己的话,而"援"所用的前提则是对方说过的话(或行过的事),或某人说过的话(行过的事)为对方所赞成的。我们引《公孙龙子·迹府》篇的一段话来作"援"这种类比推论的例:

> 龙与孔穿会赵平原君家。穿曰:"素闻先生高谊,……但不取先生以白马为非马耳。……"龙曰:"……龙闻楚王张'繁弱'之弓,载'忘归'之矢,以射蛟兕于云梦之圃,而丧其弓。左右请求之。王曰:'止!楚人①遗弓,楚人得之,又何求乎?'仲尼闻之曰:'楚王仁义而未遂也。亦曰人亡弓,人得之而已,何必楚?'若此,仲尼异'楚人'于所谓'人'。夫是仲尼异'楚人'于所谓'人',而非龙异'白马'于所谓'马',悖。……"孔穿无以应焉。

孔穿是宗孔子的儒家。从孔穿方面说,"有诸己不非诸人"。所以"孔穿无以应"。("悖"通"誖"。)

(八)"推"。"推"是归谬式的类比推论。为了反驳对方的

---

① "人"旧作"王",据陈澧本改。

某一句话，就用这句话作为类比推论的前提，得出一个荒谬的、连对方也不可能接受的结论，这就是所谓"推"：

> 推也者，以其所不取之同于其所取者予之也。"是犹谓"也者，同也。"吾岂谓"也者，异也。(《小取》)

"其"是对方。我把对方的主张("其所取")用作类比推论的前提，得出一个本质上与之类似的结论，提出来给对方("予之")，而这荒谬的结论不但是我所不取，也是对方所不取。这样就把原来对方的主张驳倒了。"援"是"以类取"，"推"则是"以类予"。在"推"这种反驳方式中，表示两句话本质上类似通常是用"是犹谓"三字。《耕柱》篇和《公孟》篇有许多反驳的例，都是用"是犹"两字。我们举《公孟》篇的一段话来作"推"这种归谬式的类比推论的例：

> 公孟子曰："无鬼神。"又曰："君子必学祭祀。"子墨子曰："执无鬼而学祭礼，是犹无客而学客礼也，是犹无鱼而为鱼罟也。"

上面所引《公孙龙子·迹府》篇中"援"式的论证，也可以改用

"推"的格式。公孙龙可以说："先生以'白马'为不异于'马'，是犹谓'楚人'不异于'人'。夫谓'楚人'不异于'人'，正仲尼所不取。"

为了回答"推"式的反驳，被反驳者可以指出反驳者所认为本质上类似的两句话在本质上并非类似。表示这点通常是用"吾岂谓"三字。（反驳的反驳。）在上例里面孔穿应该这样回答："吾谓'白马，马也'，吾岂谓'白马'不异于'马'哉？"就概念来区别"白马"和"马"（或"楚人"和"人"），是正确的。但就对象来断定"白马非马"，则是错误的。

以上八种论证方式里面，"止"和"推"都是反驳的方式，都用于"辩"中，其他六种既用于"辩"中，也可以单纯地用于"说"中。

关于推论中的谬误，《墨经》有如下的指示：

> 夫物有以同而不率遂同。辞之侔也，有所至而正。其然也有所以然；其然①也同，其所以然不必同。其取之也有所②以取之；其取之也同，其所以取之不必同。是故

---

① "其然"二字旧脱，从王引之校增。
② "所"字旧脱，从王引之校增。

譬[1]、侔、援、推之辞，行而异，转而危，远而失，流而离本。则不可不审也，不可常用也。故言多方，殊类，异故；则不可偏观也。(《小取》)

"譬"是"举他物而以明之"。但两物在某一点相同("有以同"也就是"类同")，并不见得其他特性都相同了("不率遂同")。事物的本质属性是多方面的，从一方面看是非本质的、无关紧要的东西，从另一方面看可以是本质的、决定性的东西。就是单从一方面看，两物就一般性说本质上是相同的，就特殊性说还可以有许多本质上的差异。这些因素造成了类比推论常犯的一些错误。一经"行而异"，"譬"这种论证方式就超出了合理的范围了。"侔"是"比辞而俱行"。但"侔"也只能在一定限度内才不出毛病("有所至而正")，超出了这限度，就"转而危"了。"援"是说："子然，我奚独不可以然也?"但有时专就"然"看，这话好像很有理由，倘若进一步就"所以然"看，两边的区别就显明出来，才知道援例并不能适用。因此，"援"有"远而失"之弊。"推"是"以其所不取之同于其所取者予之"。但有时仔细考察了对方的所以取之之故，才知道两句

---

[1] "譬"原作"辟"，与"譬"通。

话之间的"同"只是表面的，不是本质的，因为两句话的所以取之之故是不同的。对方取这句话，有其所以取之之故。对方不取那句话，乃是因为与那句话相应的所以取之之故并不成立。因此"推"这种论证方式有"流而离本"之弊。关于"譬、侔、援、推"四种论证方式，我们必须审慎，不能盲目地、呆板地一味使用。立言有不同的范畴（"多方"），有不同的特殊性或本质（"殊类"），有不同的条件或（隐含未说的）理由（"异故"），不能偏执其一以概其余。

《墨经》又分析在推论中足以引起谬误的各种情况：

> 夫物或乃是而然，或是而不然，或不是而然①，或一周②而一不周，或一是而一③非也。（《小取》）
>
> 一曰乃是而然，二曰乃是而不然，三曰迁，四曰强。（《大取》）

物"是而然"可以使"侔"式的推论成为正确的。但物"是而不

---

① "或不是而然"五字旧脱，从胡适校增。
② 两"周"字旧均作"害"，从王引之校改。
③ "一"下旧有"不是也不可常用也故言多方殊类异故则不可偏观也"二十二字，从王引之校删。

然""不是而然"就可以使"侔"式的推论成为谬误的。物"一周而一不周""一是而一非",又可以使"譬""援""推"三种推论成为谬误的。以下分别详论之。(至于《大取》篇所说的"迁",则是偷换概念和偷换论点,"强"是穿凿牵强的论证,所谓"强辩"。兹不详论。)

(一)物"是而然":

> 白马,马也;乘白马,乘马也。骊马,马也;乘骊马,乘马也。获,人也;爱获,爱人也。臧,人也;爱臧,爱人也。此乃是而然者也。(《小取》)
>
> 有有于秦马,有有于马也。(《大取》)
>
> 爱人不外己,己在所爱之中。己在所爱,爱加于己。伦列之:爱己,爱人也。(《大取》)

在《小取》篇所举四个"侔"式的推论中,肯定的前提是正确的,肯定的结论也是正确的。这是"是而然"。这些"侔"式推论都是正确的。乘马是"有乘于马"。因为白马是马,所以"有乘于白马"也是"有乘于马"。同样,因为秦马是马,所以"有有于秦马"也是"有有于马"。("有有于秦马"解为"至少有一秦马为其所有"。我们可以得如下的"侔"式推论:"秦马,马也；有秦马，有马也。"）爱人是"周爱人"，因此爱人包括爱获、爱臧、爱己（"获"和"臧"都是奴仆名），爱获、爱臧、爱己都是爱人的一部分。固然，仅仅爱获、爱臧、爱己者未必周爱人，但就周爱人者来说，爱获、爱臧、爱己都属于爱人的范围，也都是爱人。（我们可以得如下的"侔"式推论："己，人也；爱己，爱人也。"）

（二）物"是而不然"：

> 获之亲①，人也；获事其亲，非事人也。其弟，美人也；爱弟，非爱美人也。车，木也；乘车非乘木也。船，木也；乘②船非乘木也。盗人，人也；多盗非多人也，无盗非无人也。奚以明之？恶多盗非恶多人也，欲无盗非欲无人也。世相与共是之。若若是，则虽"盗人，人也；爱盗非爱人也，不爱盗非不爱人也，杀盗非杀人也"，无难③矣。此与彼同类。世有彼而不自非也，墨者有此而非之，无他故④焉：所谓"内胶外闭"与"心无⑤空乎内，胶

---

① "亲"旧作"视"，从王引之校改。
② 两"乘"字旧均作"人"，据郎兆玉本改。
③ "难"下旧有"盗无难"三字，从孙诒让校删。
④ "他故"旧作"故也"，从王引之校乙。"也"与"他"通。
⑤ "无"原作"毋"，与"无"通。

而不解"也。此乃是而不然①者也。(《小取》)

中国语言中"事人"是说作人家的奴仆,"乘木"是说乘一块未凿的木板。因此,"获之亲,人也;获事其亲,事人也"和"船,木也;乘船,乘木也"两个"侔"式论证都不成立。获的妹妹虽是美人,获爱妹妹乃是因为她是自己的妹妹而爱她,不是因为她是美人而爱她。因此,"其弟,美人也;爱弟,爱美人也"这一"侔"式论证不能成立。无盗当然不是无人,判断某地的盗是多是少与判断某地的人是多是少所用尺度也是不相同的。因此"盗,人也;多盗,多人也"和"盗,人也;无盗,无人也"两个"侔"式推论都是谬误的。在《小取》篇中,"多盗非多人也"是这样来证明的:倘若多盗是多人,那么恶多盗是恶多人("侔")。但恶多盗不是恶多人,所以多盗不是多人。《小取》篇证明"无盗非无人也",与此类似。一般人都承认"多盗非多人也,无盗非无人也",但听了墨家"杀盗非杀人也"这话却要反对,这是没有充足理由的。因为"此与彼同类"。《小取》篇这个说法邻近于诡辩,实际上此与彼并非同类。问题是在于墨家把"杀人"解为"犯杀人罪",而儒家则把

---

① "然"旧作"杀",从毕沅校改。

"杀人"解为"把人杀"。(《孟子·公孙丑下》:"今有杀人者。或问①曰:'人可杀与?'则将应之曰:'可。'彼如曰:'孰可以杀之?'则将应之曰:'为士师,则可以杀之。'")因此儒家可以说"杀盗,杀人也",墨家必须说"杀盗非杀人也"。这在表面上纯是文字的争执,仔细研究起来是有阶级背景的。我们说过,墨者团体中有许多手工业者。手工业者对于自己的财产非常爱惜,因为是千辛万苦用劳动换来的。他们重视私有财产,这是十分可以理解的事情。他们要求保护自己的财产,怕被盗贼抢去、偷去,这也是理直气壮的要求。但在战国那样一个乱世,要求政府来保护"贱人"的财产无异与虎谋皮,因为当时的政府正是头号的盗贼。于是手工业者只能采取自卫的政策,自己动手把盗贼打死。难道为了自卫把盗贼打死,也是犯了杀人罪么?可见墨家"杀盗非杀人也"的主张,有深刻的意义。虽然《小取》篇不能给以充分的合逻辑的辩护,但我们不能因此把墨家这种主张的意义一笔抹杀。至于"爱盗非爱人也,不爱盗非不爱人也"是很显明的道理。爱盗正是不爱人,不爱盗正是为了爱人。(代表农民利益专门反抗剥削统治者的运动和组织如后来的梁山泊,当然与这里所说的一般的

---

① "问"下旧有"之"字,今删。有"之"字显然不可通。

"盗"根本不同。)《小取》篇虽然把这两句话与"杀盗非杀人也"并列,恐怕这两句话未必有人反对,只是与"爱人待周爱人而后为爱人"的道理从形式逻辑看不免难于调和罢了。以上所述的"侔"式推论(全举出来的话,共有九个),都是肯定的前提是正确的,肯定的结论则是错误的。这是"是而不然"。这些"侔"式推论也都是错误的。为了表明这点,《小取》篇就在结论的主词与谓词中间插入一个"非"字,这样就把原来那错误的肯定结论改为正确的否定判断,同时把推论关系取消了。

(三)物"不是而然":

> 读书非书也;好读书①,好书也。② 斗鸡非鸡也;好斗鸡,好鸡也。且入井,非入井也;止且入井,止入井也。且出门,非出门也;止且出门,止出门也。若若是,"且夭,非夭也;寿且夭③,寿夭也。有命,非命也;非执有命,非命也",无难矣。此与彼同类④。世有彼而不

---

① "书也好读书"五字旧脱,从胡适校增。
② "斗"上旧有"且"字,今删。
③ "寿且夭"三字旧脱,今增。观上下文可知此三字当增。
④ "类"字旧脱,从毕沅校增。

自非也，墨者有此而①非之，无他②故焉：所谓"内胶外闭"与"心无③空乎内，胶而不解"也。此乃不④是而然者也。(《小取》)

一人指非一人也；是一人之指，乃是一人也。方之一面非方也；方木之面，方木也。(《大取》)

将入井不是入井，止将入井正是止入井。因此"且入井，非入井也；止且入井，非止入井也"这一"侔"式推论是谬误的。同样，将夭折不是夭折，但改善卫生条件，延长将夭折者的寿命，正是把夭折转变为长寿。一般人都承认"止且入井，止入井也"，但听了墨家人能"寿夭"之说却要反对，说"寿且夭，非寿夭也"，这不是"有命"的思想在那里作怪么？读书不是书，爱读书正是爱书。因此"读书非书也；好读书，非好书也"这一"侔"式推论是谬误的。同样，"有命"的主张不就是命，但反对儒家"有命"的主张还是可以说就是反对命。一般人都承认"好读书，好书也"，但听了墨家"非命"之说却要反

---

① "非"上旧有"罪"字，从毕沅校删。
② "他"原作"也"，与"他"通。
③ "无"原作"毋"，与"无"通。
④ "不"字旧脱，从胡适校增。

对，说"非'有命'，非非命也"，也就是说命决非人力所能反对，你尽管反对"有命"的主张，命本身依然自若，决不因之有所损益。这都是宿命论者的诡辩，《墨经》把它揭露了的。此外，《大取》篇认为人指虽然不是整个的人，张三的指仍然可以称为张三，这好像北京猿人的头骨就称为北京猿人一样。同样，《大取》篇认为方形的一边不是方形，而方木板的一边仍然可以称为方木板。这些只是语言习惯的问题，并不见得特别合逻辑。以上所述的"侔"式推论（全举出来的话，共有八个），都是否定的前提是正确的，否定的结论则是错误的。这是"不是而然"。这些"侔"式推论也都是谬误的。为了表示这点，《小取》篇与《大取》篇就在结论的主词与谓词中间删掉一个"非"字，这样就把原来那错误的否定结论改为正确的肯定判断，同时把推论关系取消了。

以上三种情况都是"侔"式推论所遇到的问题。《大取》篇还有一段文字，把这三种情况全包含了：

> 是璜也，是玉也。意楹非意木也，意是楹之木也。意指之人也，非意人也。意获也，乃意禽也。

"璜，玉也；是璜，是玉也。"这是"是而然"，这"侔"式推论是正确的。"楹，木也；意楹，意木也。""指之人，人也；意指之人，意人也。"这都是"是而不然"，这两个"侔"式推论是谬误的。"意木"是意一般的木，"意楹"只可以说是"意是楹之木"。"意人"是意一般的人，"意指之人"只是意个别的人（参看上节），何况还不是意完整的个别的人，只是意个别的人指呢。"获非禽也；意获非意禽也。"这"侔"式推论也是谬误的。因为这是"不是而然"。"获"的内涵含有"禽"，因为"禽"是"获"的一般对象。所以"意获"就包含着"意禽"。（"意"是"想"的意思。）

(四) 物"一周而一不周"：

"譬""援""推"三种推论方式所遇到的困难，可以分为属内容的与属形式的两个方面。《小取》篇所举的例都是属形式的，这些困难与"侔"式推论所遇到的困难一样，用分析词句意义的方法就可以克服。以下把这些困难照《小取》篇的办法分两个节目来叙述。

上节已论及词项在语句中的周延性。由于"一周而一不周"这种逻辑形式的差异有时在语言形式中没有显明的表现，类比推论中可以发生一些相应的谬误。

(五)物"一是而一非":

居于国则为居国;有一宅于国,而不为有国。桃之实,桃也;棘之实,非棘也。问人之病,问人也;恶人之病,非恶人也。人之鬼,非人也;兄之鬼,兄也。祭人①之鬼,非祭人也;祭兄之鬼,乃祭兄也。之马之目眇②,则为"之马眇";之马之目大,而不谓"之马大"。之牛之毛黄,则谓"之牛黄";之牛之毛众,而不谓"之牛众"。一马,马也;二马,马也;马四足者,一马而四足也,非两马而四足也。一马,马也;二马,马也③;马或白④者,二马而或白也,非一马而或白。此乃一是而一非者也。(《小取》)

以臧为其亲也而爱之,⑤ 爱其亲也;以臧为其亲也而利之,非利其亲也。以乐为利其子而为其子欲之,爱其子也;以乐为利其子而为其子求之,非利其子也。……昔

---

① "人"字旧脱,从王引之校增。
② 两"眇"字旧均作"盼",从顾广圻校改。
③ "二马马也"四字旧脱,从胡适校增。
④ "白"旧作"自",据郎兆玉本改。
⑤ "爱"上旧有"非"字,从孙诒让校删。

者之虑也,非今日之虑也。昔者之爱人也,非今之爱人也。虑①获之利,非虑臧之利也;而爱臧之爱人也。乃爱获之爱人也。……昔之知墙,非今日之知墙也。(《大取》)

推类之难,说在②大小、物尽③、同名、二与斗、……白与视、丽与暴④、夫与屦。(《经下》)谓四足,兽与?并⑤鸟与?物尽与大小也。此然是必然,则俱为麋;同名。俱斗,不俱二;二⑥与斗也。……白马多白,视马不多视;白与视也。为丽不必丽,为暴必暴⑦;丽与暴也。为非以人,是不为非,若为夫勇,不为夫;为屦以买衣,为屦;夫与屦也。(《经说下》)

"譬""援""推"三种类比推论,也可以不是由于"一周而一不周"的问题而碰到如下的情形,即肯定的前提是正确的,肯定

---

① "虑"上旧有"爱获之爱人也生于"八字,今删。上六字涉下而衍,"生于"二字涉上而衍。
② "大"上旧有"之"字,从梁启超校删。
③ "大小"与"物尽"旧为"五行毋常胜,说在宜"一条所隔断,今据《经说》"物尽与大小也"前后合为一条。
④ "暴"字旧脱,从顾广圻校增。
⑤ "并"旧作"生",今改。郎兆玉本作"立",视"生"为胜,但立鸟非四足,"立"当为"竝",与"并"通。
⑥ "二"旧作"三",从顾广圻校改。
⑦ "为暴必暴"旧作"不必",今改。孙诒让删"不必"二字。

的结论则是错误的，或者否定的前提是正确的，否定的结论则是错误的。这就是"一是而一非"。这样的类比推论都是谬误的，因为"譬"与"援"由前提的正确性断定结论的正确性，"推"由结论的错误性断定前提的错误性，在这种情况下都是不合实际的。《小取》《大取》《经说下》都在结论的主词与谓词之间插入一个"非"字或"不"字或删掉一个"非"字或"不"字，这样就把原来那错的结论改为正确的判断，同时把推论关系取消了。"一是而一非"的情况，例如误认臧为父亲而爱他，这还是爱父亲，但误认臧为父亲而给他许多好处，那就所利的只是臧不是父亲了。墨子非乐，认为歌舞有害而无利。因此照墨家这种狭隘的看法，"以乐为利其子而为其子欲之"，这在主观方面固然是爱其子，但"以乐为利其子而为其子求之"，这在客观方面就不是利其子了。替获之利打算和替臧之利打算，两者的具体内容是不相同的，但爱臧的爱和爱获的爱，都只是一个爱人的爱，都是兼爱的表现。我们说"甲与乙斗"或说"甲与乙俱斗"都可以，但我们只说"甲与乙二"，不说"甲与乙俱二"。应该说"甲与乙俱一"，因为甲与乙尽管是两个，每一个都只是一个。（参看《墨经的逻辑学》第六节）"白马"全身的毛都白，不只是一小部分白，但"视马"只要看一看就是"视马"，不需要更多的视。东施效颦，越是装美越是出丑，所以"为丽不必丽"，但是桀、纣"为暴"，那就真是"暴"。被人强迫犯了罪，责任不在被强迫者身上，所以"为非以人"不是"为非"；某人当武夫很勇敢，并不是当丈夫，所以"为夫勇"不是"为夫"。但"为屦以买衣"（作一双鞋子来交换衣服），仍是"为屦"。一马也是马，二马也是马，但至少得有两个马才能说"马或白或非白"，单有一个马就不能说"马或白"，因为"或也者不尽也"，在日常语言里特称肯定与特称否定是互相隐含的。（到了后来中国语言中"或"字又作"可能"解，就可以说一马"或白"了。）

某人昨日爱人，并不能证明他今日爱人。我昨日看见那墙，并不是我今日看见那墙。中国语言没有过去时与现在时的严格区别，在某些情况下必须留心才不致引起混乱。

辩者有"郢有天下"的论题（《庄子·天下》）。《小取》篇说："居于国则为居国；有一宅于国，而不为有国。"从这里可以推测"郢有天下"的诡辩论证是怎样的，也可以知道这诡辩不能成立。辩者又有"白狗黑"的论题（《庄子·天下》）。《小取》篇说："之马之目眇，则为'之马眇'；之马之目大，而不谓'之马大'。"从这里可以推测"白狗黑"的诡辩论证是怎样的，也可以知道这诡辩不能成立。

《经下》所说的"推类"是包括了一切类比推论的，到了《小取》篇才把"推"字限制到归谬式的类比推论。(梵文"怛歌"原来也是指归谬式的推论,后来就扩大为逻辑学的通称了。)类比推论的困难上面已经说得很多了。《经说下》还提出如下的例:四足的生物通常总是"兽",但两鸟相并而立也是四足。在类比推论中,四足的东西通常固然可以同当作"兽"来处理,但遇到特殊的情形就不能一概而论了。四足不尽是"兽",这是"物尽"的问题。两鸟相并而立,当作一个大的单位看就是四足,当作两个小的单位看就都是二足了。这是"大小"的问题。

简单的归纳也属于"推类"的范围,因为简单的归纳只是类比推论的扩充。(《墨经》所说的"推类",和我们前面所说的"类推"意思差不多。)"此然是必然"就是"彼以此其然也,说是其然也"。观察了一个或多个个别的例子("此然"),就得出一个普遍的结论("是必然")。这种简单的归纳有很大的危险性。例如我们看见这兽是麇,那兽也是麇,……能否得出"一切兽都是麇"的结论来呢?弄得不好,天下万物都成了"麇","麇"成了万物共同的"达名",这不是开玩笑么?前面所说的"止"式论证,就是为了防止简单归纳的危险而设的。

最后,《墨经》还论及墨家讲授科学时所用的问答法:

诺不一利用。(《经上》)相从、相去、先知、是、

可。五色、长短、前后、轻重。(《经说上》)

正①，无非。(《经上》)有说，过五诺，若圆②无直。无说，用五诺，若自然矣。(《经说上》)

教师发问，"诺"是学生回答。"诺"的方式有五，随所用之宜。假定在先前的问答中双方已同意了"倘若甲是乙，那么丙是丁"这一假言命题。现在"甲是乙"被证明了，教师可以问："既然甲是乙，那么怎么样？"学生就可以回答："丙是丁。"这是"相从"的"诺"。假定在先前的问答中双方已同意了"甲不能同时是乙又是丙"。现在"甲是乙"被证明了，教师可以问："既然甲是乙，你还能坚持你从前说的'甲是丙'么？"学生可以回答："我放弃'甲是丙'的意见，甲不是丙。"这是"相去"的"诺"。假定在先前的问答中双方已同意了"甲是乙"。现在过了一些时候，要用到"甲是乙"作推论的前提了，教师就可以问："我们不是说过'甲是乙'么？"学生可以回答："我们已知'甲是乙'。"这是"先知"的"诺"。教师问："哪一个是甲？"学生回答："这是甲。"这是"是"的"诺"。("是"训此)教师

---

① "正"道藏本作"缶"，别本作"击"，与"正"通，今据改。
② "圆"原作"员"，与"圆"通。

问："甲是乙，对么?"学生回答："对，甲是乙。"这是"可"的"诺"。"五色、长短、前后、轻重"都是"是"的"诺"的可能内容。例如教师问："这是五色中哪一色?""甲比乙长是短?"回答这样的问题不能用"对""不对"来了事，必须说"是红色""长"。可见这不是"可"的"诺"，而是"是"的"诺"。"正"是一套科学理论从头至尾确定可靠，人人都已经信服了，中间全没有错误。这里面就有两种情形：倘若论题需要证明("有说")，那么一步一步都可以通过"五诺"的方式。例如"一圆周上任何三点都不在一直线上"这一几何定理("圆无直")是可以一步一步证明的。("直"的定义见《经上》："直，参也。"三点在一直线上，等于说三点中有一点恰好介于其余两点之间。"参"是"介于其间"的意思，参看希尔伯特《几何基础》。)倘若论题不需要证明("无说")，那么直接用"五诺"的方式之一(特别是后二"诺")，论题就好像是自明似的。(实际上论题——直接的"知觉判断"除外——还是可以证明的，但既然"共许"就不需要证明了。)

在本节里我们详细地叙述了《墨经》关于推论和论证的学说，由此可以窥见墨学的精深博大。《墨经》的逻辑学所以有这么大的成就，乃是因为它承继了墨子的积极思想斗争的精神。无怪乎《大取》篇要说："天下无人，子墨子之言也犹在"了。

《墨经》论数
——"一少于二而多于五"的解释

《墨子·经下》有这么一条:

一少于二而多于五。说在建、住。

这条的说明见于《经说下》:

一。五有一焉,一有五焉。十,二焉。

这里首先需要明确一个文字上的问题。有些《墨经》的注释家把"住"字和下文"景二"两字连起来读,这是不对的。我们可以从《经说》牒字的惯例上找到证明。由于相应的那条《经说》明明牒的是"景"字,不是"住"字,这就可以看出《经》文是"景二"，不是"住景二"了。

现在让我们转到怎样解释的问题。"一少于二"，这不需要解释。为什么说"一多于五"呢？《墨经》的注释家们差不多一致地这样讲："一多于五"的"一"是十位的"一"。这样解释看起来很自然，因为古代中国的筹算确是用一代表了十，只要放在适当的位置上；这和印度、阿拉伯数字相似，尽管古代中国文字还没有同样的习惯。有的注释家甚至把"建"字改成"进"字，也有把"住"字改成"位"字的。我们认为这样改字是不必要的，其理由详后。这里主要的意思只是：如果选择的单位不同，在一定条件下可以得到"一多于五"的结果。例如一个"十"就比五个"一"多，一斤也比五两多，一里比五丈多，等等。这是关于数的相对性的朴素辩证法的理解。

令人失望的是，用以上的解释来读《经说》，总不免牵强。关于这条《经说》，我确是还没有看到一种文从字顺而不是牵强的解释(尤其支离的是把"有"字读作"又"，把"五有一"解作"五加一")。最近我在无意中忽然发现了这条《经说》的确解，和上面所叙述的《经》文的传统解释并不一致。原来"一多于五"是这么回事，看下图就能明白：

```
        五有一焉
          五
     ┌─────────┐
     • • • • •
     └─────────┘
        一有五焉
```

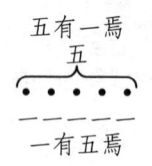

这里"一"总共有五个,"五"却只有一个,可见是"一"比"五"多了。"十,二焉"是用了《经说》所惯用的简化的表述法,说仔细一点应该是:"十,五有二焉,一有十焉。""一有十焉"四字被省去,是因为这里所给定的本来就是"十",同时"十"也已经被点出,这四字很容易凭类推补入(至于本条《经说》开首的"一"字则只是牒《经》文,和文义无关)。现在看下图:

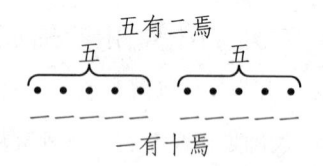

```
          五有二焉
       五           五
    ┌──────┐    ┌──────┐
    • • • • •    • • • • •
    └──────┘    └──────┘
          一有十焉
```

这里"一"总共有十个,"五"却只有两个,也是"一"比"五"多。

这样来解释"一多于五"确实是很巧妙的。一真是多于五,并不是由于单位的改变。一般地说,假定

$$ma = nb,$$

四个字母都代表正数,又假定

$$a < b,$$

那么

$$m > n$$

是必然的结果。我们说"a少于b",是就a和b两数本身说的;我们说"a多于b",是就在上述关系中的a和b的系数(即m和n)说的。《墨经》提出"建""住"两个概念来表示这里的区别("建"是"立"的意思,"住"是"容"的意思)。《墨经》的意思是说:"建一少于建二,而住一多于住五。"再说详细一点:单纯地建立"一"和单纯地建立"二"比较起来,是前者少于后者;在一个总体里面安住"一"的次数和安住"五"的次数比较起来,则是前者多于后者。总之,就"建"说"一少于二",就"住"说"一多于五"。《墨经》对这个数学根本问题的分析是非常精确的。

我们所提出的关于《经》文的解释,是不是就应当取传统解释而代之,这似乎还有商量的余地。实际上两个解释是可以合起来的,就是把"建""住"作为"一多于五"的两重意义来看。"建"是所建的单位,这相当于"一多于五"的传统解释;《经说》对此不加发挥,可能是因为一般都知道的缘故。"住"还是按上面的讲法,相当于《经说》所发挥的"一多于五"的解释。这也可以备一说罢。

最后我们还要指出,"一少于二而多于五"八字是用了矛盾形式的表述法。《墨经》受了古代辩者的影响,很喜欢运用这种形式。一既然少于二了,那就不成问题更少于五,现在却又是多于五,这是矛盾,也是文字形式上的矛盾,是"似非而是"的奇说。两个属性一正一反,统一于一个主体,这在《墨经》称为"同异交得",多少相当于辩者的"合同异"。《墨经》把这里的矛盾归之于不同角度的理解,这样就解除了矛盾,也纠正了辩者的违反逻辑矛盾律的诡辩学说。但是,《墨经》的辩证观点实在是比较薄弱的(《大取》除外),它总是企图纯用形式逻辑来处理辩证法的问题。这对《墨经》来说是很自然的,因为《墨经》的观点本来是形而上学的唯物主义。

公孙龙其人

《公孙龙考》分(一)、(二)两部分,都是关于先秦公孙龙其人的考证。继此将另写一篇《〈公孙龙子〉书考》,则是关于《汉书·艺文志》所说《公孙龙子》十四篇和现今流行的《公孙龙子》六篇的考证。

按传统的说法,先秦的公孙龙有两个。一个是生活在春秋末期和战国初期的公孙龙,比孔子晚生五十三年,是孔子的亲炙弟子,字子石,楚国人,也有说是卫国人的。一个是生活在战国末期的公孙龙,和平原君同时,是有名的辩者,字子秉,赵国人。

辩者公孙龙字"子秉"之说,是可疑的。其来源出于《庄子》书中庄周和惠施的一段对话,里面有一句:

庄子曰:"然则儒、墨、杨、秉四,与夫子为五,果

孰是耶？"(《徐无鬼篇》)

唐成玄英疏：

"秉"者，公孙龙字也。

宋王应麟《困学纪闻·十》引唐殷敬顺《〈列子〉释文》：

《庄子·天下》篇：古之道术有在于是者，宋钘、尹文闻其风而悦之。《荀子·非十二子》篇：其持之有故，言之成理，足以欺惑愚众，是墨翟、宋钘也。《荀子·天论》篇：墨子有见于齐，无见于畸。宋子有见于少，无见于多。《汉书·艺文志》：《宋子》十八篇。"秉"疑"宋"之讹。《困学纪闻》谓公孙龙字"子秉"，非也。(《读书丛录·十四》)

但关于前后两公孙龙并非一人这一点，大多数学者似乎已取得一致。例如清俞樾说：

《史记》有两公孙龙。《仲尼弟子列传》：公孙龙字子

> 石，少孔子五十三（原作"五十"，据汪兆镛校改）岁。《孟子荀卿列传》：赵有公孙龙为坚白异同之辩。而说坚白异同之公孙龙与孔穿同时。考《孔子世家》，孔穿乃孔子之昆孙，去孔子六世，必不得与少五十三（原作"五十"）岁之公孙龙辩论也。《庄子》书之公孙龙，即与孔穿辩论之人，而非孔子弟子。（《俞楼杂纂·〈庄子〉人名考》）

（公孙龙和孔穿辩论一事见于《吕氏春秋·淫辞》篇）类似的议论在明代已相当普遍。近人王琯完全同意俞说，俞说好像已经成为定论了。（有的学者还根据《艺文类聚·六十六》所引《庄子》佚文，认为两人之外先秦还有一个公孙龙是梁君御。这个公孙龙不很有名，有名的还是上述两个。）

但在唐代以前，似乎没有人提出过这问题。这两人如果真是两人，那也是一直被混淆了的。甚至到了唐代，张守节关于孔子弟子公孙龙还说：

> 庄子云，坚白之谈也。（《史记正义》）

张守节所根据的我想就是《庄子》书中的一段故事，开首说：

> 公孙龙问于魏牟曰:"龙少学先王之道,长而明仁义之行,合同异,离坚白,然不然,可不可,困百家之知,穷众口之辩,吾自以为至达已。"(《秋水》)

我们看这一段,不免怀疑连庄周或庄周后学都把这两人混淆了。但如果庄周脑子里确实只有一个公孙龙,那么关于孔子亲炙弟子公孙龙的传说是十分可疑的了。当然,庄周没有明白地把两人混淆,也没有说辩者公孙龙是孔子亲炙弟子,那么至少庄周认为辩者公孙龙属儒学家派这一点是确定的了,因为战国时期只有儒家"学先王之道,明仁义之行"。(墨家也重视"圣王之事",但辩者公孙龙不可能是墨家,章士钊先生已经证明,公孙龙的"离坚白"的学说和后期墨家的"盈坚白"的学说站在完全相反的哲学立场上。墨家纪律森严,会收容公孙龙这样一个"然不然,可不可"的人作门徒吗?)辩者公孙龙虽是儒家,却是很不正统的儒家,想来赵国的学术空气比较自由,荀卿也是赵国人,荀卿的思想也不能算正统的儒家思想。荀卿和公孙龙名义上都宗孔子,学术思想则距离很远,各走各的道路,政治背景又都是三晋的法家,这是完全可以理解的。

唐司马贞明确认为两公孙龙实是一人,只是关于这一人

的传说有许久差异而已。关于《史记·孟子荀卿列传》所说赵人公孙龙为坚白同异之辩,司马贞说:

> 龙即仲尼弟子也。此云赵人,《弟子传》作卫人,郑玄云楚人,各不能知其真。
> 又下文云"并孔子同时,或云在其后",所以知非别人也。(《史记索隐》)

司马贞的话很简略,不好懂。我们不妨替他引申一下。《史记·孟子荀卿列传》是这样说的:

> 赵亦有公孙龙为坚白同异之辩。……盖墨翟,宋之大夫,善守御,为节用。或曰并孔子时,或曰在其后。

但墨翟在孔子以后,史实俱在(见《墨子》书),一点疑问都没有。何以司马贞竟如此不明确?司马贞认为"或曰并孔子时,或曰在其后"一句是错简,应当移前,移至"赵亦有公孙龙为坚白同异之辩"后面。那就是说,关于公孙龙虽有许多传说,互相矛盾,但都是关于同一个人的传说。这看法很合理。例如汉仲长统《〈尹文子〉叙》说:

> 尹文子齐宣王时居稷下，与宋钘、彭蒙、田骈同学于公孙龙。

这就和公孙龙和平原君同时，因此是尹文的后辈传说相矛盾。

我们如果承认司马贞的说法，那么很可能公孙龙或其后学因为要抬高公孙龙的地位，把公孙龙说成孔子亲炙弟子，同时尽可能把他的生年不放得太早，定在"少孔子五十三岁"这样一个下限。即使如此，正如王琯所说，公孙龙还是活了二百多岁，可能性太小了。但在汉代，考证方法没有后代那样细密，并且一般都相信人可以修仙，这样一个差距完全引不起注意，也是可能的。

的确，我们很难找到证据说明汉代人承认先秦有两个公孙龙。现在先举几条关于辩者公孙龙的传说。

刘宋裴骃《史记集解》注《平原君传》引汉刘向《别录》：

> 齐使邹衍过赵平原君，见公孙龙及其徒綦毋子之属论白马非马之辩，以问邹子。邹子曰："不可，彼天下之辩有五胜三至，而辞正为下。辩者别殊类使不相害，序异端使不相乱，抒意通指，明其所谓，使人与知焉，不务相迷也。故胜者不失其守，不胜者得其所求。若是故

辩可为也。及至烦文以相假，饰辞以相悖①，巧譬以相移，引人声使不得及其意，如此害大道。夫缴纷争言而竞后息，不能无害君子"。坐皆称善。

这显然是正统派儒家邹衍(思孟学派)纠正不正统派儒家公孙龙的故事。

因为邹衍的缘故，平原君终于把公孙龙驱逐了。《史记》说：

> 平原君厚待公孙龙，公孙龙善为坚白之辩。及邹衍过赵，言至道，乃绌公孙龙。(《平原君传》)

《淮南子》有以下一段故事：

> 昔者公孙龙在赵之时，谓弟子曰："人而无能者，尤不能与游。"有客衣褐带索而见曰："臣能呼。"公孙龙顾谓弟子曰："门下故有能呼者乎？"对曰："无有。"公孙龙曰："与之弟子之籍。"后数日，往说燕王，至于河上，而

---

① 原作"悖"，误。

公孙龙其人 / 097

航在北①汜。使善呼者呼之，一呼而航来。故②圣人之处世，不逆有伎能之士。故老子曰："人无弃人，物无弃物，是谓袭明。"(《道应训》)

这是说辩者公孙龙"在赵之时"，就是在被平原君驱逐出赵国以前。从这段话我们知道辩者公孙龙有不少弟子。

现今流行的《公孙龙子·迹府》篇叙述公孙龙和孔穿会面，开首说：

龙与孔穿会赵平原家。穿曰："素闻先生高谊，愿为弟子久。"

辩者公孙龙若不是儒家，而是杨墨等异端，孔穿决不能说"愿为弟子"。《迹府》篇虽不可靠，但也表明它的作者认为辩者公孙龙是儒家，只是学说被认为不正统而已。《孔丛子》叙述孔穿和公孙龙会面，开首也有类似的话。

好了。我们再引一段汉刘向《说苑》关于子石的记载：

---

① 原作"一"，据刘文典校改。
② 原有"曰"字，据王念孙校删。

子石登吴山而四望,喟然而叹息曰:"呜呼悲哉!世有明于事情不合于人心者,有合于人心不明于事情者。"弟子问曰:"何谓也?"子石曰:"昔者吴王夫差不听伍子胥尽忠极谏,抉目而辜。太宰嚭、公孙雒偷合苟容,以顺夫差之志而伐齐①,二子沉身江湖,头悬越旗。昔者费仲、恶来、胶②革长鼻决耳,崇侯虎顺纣之心欲,以合于意,武王伐纣,四子身死牧之野,头足异所。比干尽忠,剖心而死。今欲明事情,恐有抉目剖心之祸;欲合人心,恐有头足异所之患。由是观之,君子道狭耳。诚不逢其明主,狭道之中,又将险危闭塞,无可从出者。"(《杂言》)

如果公孙龙真有两个,那么即使辩者公孙龙不字子秉,也没有理由一定要和孔子亲炙弟子同字子石。那么这子石应该是孔子亲炙弟子,也就是郑玄所说"楚人"了。但如果我们采用司马贞之说,公孙龙只有一个,也是很可通的。我们可以设想辩者公孙龙自从被邹衍驱逐出赵国,满腹牢骚,知道北方不能久留,带了弟子游到南方,登吴山而自叹不逢明主,不

---

① 原作"吴",以卢文弨校改。
② 原脱"胶"字,从刘文典校补。

是很合情理吗?

汉桓宽《盐铁论》征引了这段故事,还征引了一段"公孙龙"的遗教:

> 承相曰:"……公孙龙有言曰:'论之为道辩,故不可以不属意。属意相宽,相宽其归争,争而不让,则入于鄙。'今有司已不仁,又蒙素餐,无以更责雪耻矣。县官所招举贤良、文学,而及亲民伟仕,亦未见其能用箴石而医百姓之疾也。"
>
> 贤良曰:"……今欲下箴石,通关鬲,则恐有成①、胡之累;怀箴橐艾,则被不工之名。'狼跋其胡,载躓其尾'。君子之路,行止之道固狭耳。此子石所以叹息也。"②

"属意"是"用脑子"的意思。但论辩时应当属意在论证严密,不要属意在客气迁就("相宽")。如果这样掩盖矛盾,结果矛盾爆发得更加尖锐("其归争"),以致发生"鄙"的现象。"鄙"是"骂街"的意思,指强词夺理的说话态度。这一段话所包含

---

① 原作"盛",据王先谦,"盛"通"成"。
② 《箴石》,原作"盐铁箴石",据张敦仁校改。

的心理分析多么深刻！〔辩者公孙龙的唯心主义学说实质上虽然也是强词夺理，表面上可并不强词夺理（参看《吕氏春秋·淫辞》篇："平原君谓孔穿曰：'昔者公孙龙之言甚辩。'"），只有逻辑学家才能指出他强词夺理的地方，因此不属"鄙"的范围。〕

现在假定先秦著名的公孙龙真有两个，那么我们说过，子石应该是孔子亲炙弟子公孙龙，而不是辩者公孙龙。我们必须认清：下文子石所以叹息，乃是登吴山而叹息，说的是"君子道狭耳"，和上文的"争而不让，则入于鄙"无关，可见实际上没有任何理由说承相所引和贤良所引一定是一人而不是两人。如果是两人，承相所引是辩者公孙龙，那么所引的话真可以说是辩者公孙龙多年的经验总结了。本来，为什么承相和贤良不可以各引各的权威，一个引辩者公孙龙，一个引孔子亲炙弟子子石呢？

但如果承相所引公孙龙就是贤良所引孔子亲炙弟子子石，那么上下文似乎照应得更好，也更自然，免得双方过分拧着，同一章节里竟然两个公孙龙都出现了。本来，为什么孔子亲炙弟子公孙龙不可以讲一讲论辩者应取的态度，一定要辩者公孙龙才能讲呢？况且让一个不被人们认为是诡辩家的人讲这问题，来教训别人，似更合宜。所以两说同样可通。

清王先谦从两前提出发，(1)承相所引公孙龙是辩者公孙龙，(2)承相所引公孙龙就是贤良所引子石（这两前提如上所说，都有一定的合理性，也都不是毫无问题），得出结论说：辩者公孙龙和孔子亲炙弟子一样，也字子石。这结论和我们所说虽不一致，也不妨自成一说。但如果我们参考司马贞的说法，那么完全可以不改变这两前提，进一步作出结论：孔子亲炙弟子公孙龙并不存在，子石也只有一个，就是辩者公孙龙。这样就避免了"孔子亲炙弟子公孙龙和辩者公孙龙两人俱字子石"这样一个可能性不是太大的结论，子石仍然是儒家，矛盾也完全解决了。

关于先秦的公孙龙是一人还是两人的问题，因为材料有限，只能暂时不作绝对肯定。好在我们并没有把公孙龙本人揪到法庭上来审，因此没有必要马上作出完全可靠因而大家都能一致的结论。

（原题作"公孙龙考（一）——先秦是否有两个有名的公孙龙，还是只有一个？"，收入《哲学研究丛刊·中国哲学史论文集》（第一辑），山东人民出版社，1979年。）

公孙龙的学说的倾向性

在《公孙龙考(一)》[①]中,我们企图回答的问题是:先秦是否有两个有名的公孙龙,还是只有一个?这问题牵涉到另一问题:《盐铁论·箴石》中的"公孙龙"和"子石"是一人还是二人?我们举出了三种比较可能的答案:

1. 《盐铁论》的"公孙龙"是辩者公孙龙,不是孔子弟子,而"子石"是孔子弟子公孙龙。

2. 《盐铁论》的"公孙龙"和"子石"是一人,即孔子弟子公孙龙,不是战国末的辩者公孙龙。

3. 《盐铁论》的"公孙龙"和"子石"是一人,即辩者公孙龙。那么少孔子五十三岁的孔子弟子公孙龙到哪里去了呢?这位公孙龙并不存在,公孙龙因为要抬高自己的地位,所以

---

① 即上文《公孙龙其人》。——编者注

上攀孔子为师。

至于《淮南子》三处讲到公孙龙，没有疑问都是战国末的辩者公孙龙，绝不是孔子弟子公孙龙。

当时我们认为上述三种答案都很合理，不能决定哪一种符合事实，但比较倾向于第三种答案，因为找不到汉代人承认有两个公孙龙的确实证据。这第三种答案基本上符合于唐人司马贞的意见。

现在我们经过重新考虑，认为汉代人是否承认有两个公孙龙虽无绝对确凿的证据，但《说苑》关于子石的记载，称"子石"和称"子贡""子游"一样熟悉，看起来子石真是孔子弟子公孙龙，似乎一提到"子石"汉代人都知道是谁。因此我们倾向于第二种答案。《盐铁论》的公孙龙说"论之为道辩"，这完全不能证明是辩者公孙龙的话。相反，这话因其严正倒是孔子弟子来说最合宜。孔子弟子公孙龙讲不讲"正形名"呢？我们不知道，但形名家尹文上攀孔子弟子公孙龙为师，就时代说比较可能。仲长统《尹文子叙》所说的情况是接近事实的。

本文的题目是：从较早的文献考察辩者公孙龙的学说的倾向性。

我们认为：现行的六篇《公孙龙子》很不可靠，不能作为讨论的根据。应当把程序倒过来，从较早的文献考察公孙龙学说的倾向性，然后以此来衡量六篇的相对可靠性。关于这六篇，近人黄云眉说：

> 吾终疑为后人研究名学者附会庄、列、墨子之书而成，非公孙龙之原书矣。惟今书虽非原书，然既能推演诸记，不违旨趣，则欲研究公孙龙之学说，亦未始不可问津于此耳。（《古今伪书考补证》）

我们将在另一篇文字里提出较详细的论据，说明黄云眉的这一猜测基本上是符合事实的。在这里只简略地说一说，为什么现行《公孙龙子》不是公孙龙的原著。

晋鲁胜在《墨辩注叙》中告诉我们：名家典籍，除《墨辩》而外，在晋时统统都已亡绝了。我们没有任何理由来怀疑这话的真实性。有些人深信鲁胜在《墨辩注叙》中的如下一段话：

> 墨子著书，作《辩经》以立名本。惠施、公孙龙祖述其学，以正刑名显于世。

而这同一个鲁胜说的名家典籍除《墨辩》外都已亡绝的话，似乎闭着眼睛就没有看见。其实这句话是鲁胜关于当时的情况的叙述，最有可信的价值，而上引几句关于古代的话，其真实性倒是值得检查的。下面我们可以看到，这几句话并不符合古代的历史事实。

在《列子注》中，东晋的张湛提出了公孙龙《白马论》现存之说，和西晋鲁胜的话相矛盾。有人认为：既然《白马论》现存，则其他五篇或四篇亦必现存。这个无根据的推论弄得张湛和鲁胜的矛盾尖锐起来了。因为如仅存一篇，则鲁胜的话尚勉强可通过；如有五篇之多，则鲁胜绝不可能说是"亡绝"了。

于是近人孙碌在《读王献唐〈公孙龙子悬解〉》中提出了"江左之流传未绝"之说。意思是：鲁胜的话是根据北方的情况说的，他没有看到南方尚在流传的《公孙龙子》残篇。这个地理差异论是否经得起考辨，尚是疑问。

金岳霖同志曾说《公孙龙子》书在魏晋某一时期地位相当于逻辑教科书。这话和鲁胜的话矛盾更尖锐了。我看这话是从汪奠基先生得来的，而汪奠基先生的根据无非是《世说新语》的如下一段记载：

> 谢安年少时，请阮光禄道白马论。于时谢不即解阮语，重相咨尽。阮乃叹曰："非但能言人不可得，正索解

人亦不可得。"(《文学》)

但这段记载中"道白马论"四字可以有两种同样自然的解释：1. 当时公孙龙原著《白马论》尚存，把它讲解一下。2. 公孙龙原著已佚，只能根据桓谭《新论》等书加以引申发挥，"道白马论"只是"说一说公孙龙白马非马之辩的内容"的意思。于是阮裕(即阮光禄)"为论以示谢(安)"，就是拟了一篇《白马论》作为讲义。根据上引的记载，这篇《白马论》是阮裕的得意之作。张湛是玄言家，没有弄清楚这篇《白马论》的著作权，故误认为公孙龙原著。如果承认这一假设，那么和鲁胜的话可以不发生抵触，教科书之说也根本不成立，所有矛盾都解除了。好了，我们对这篇"往复论难至于八反，大率古人辩白马者义尽此矣"(伍非百《公孙龙子发微》)的《白马论》，竟然找到了真正的作者。(唐钺先生愿意承认五篇中只有《白马论》一篇是公孙龙原著，也可备一说。)

我们认为现行六篇《公孙龙子》(《白马论》除外)是晋代人根据破烂资料编串成的。(此说也来自唐钺先生。)证据很多，现在只举三条：

1. 《坚白论》："非彼无石，非石无所取……"这是抄袭了《庄子·齐物论》："非彼无我，非我无所取。"

2. "因是"二字，在《庄子·齐物论》中出现六次之多，在《坚白论》中也出现了两次。"因是"作专门名词用不见他书。很明显，是编《坚白论》的人抄袭了《庄子》。

3. 《通变论》开首一百一十字我们认为确实是公孙龙原著的残存文字，只是有一处次序错乱，移正后整段文字就明白通畅了。但《通变论》到后半忽然"变"得语无伦次，像疯人一样。可见编串《通变论》的人是逻辑水平很差的一位"儒者"，不能发挥公孙龙，反倒丑化了公孙龙。

我们认为，鲁胜提倡《墨经》和公孙龙，这件事起了很大作用。公孙龙原著的一些残存片段竟因此而出现了。（这可以和1949年后的情况相比。在新民主主义时期，中医经刘少奇同志和人民政府的提倡，一些家传的以前未见过的医书竟自愿地捐献出来了。）这是我们对黄云眉之说的一个重要的修正。但这些残存片段实在破烂不堪，经过晋代人的加工又加工，才成了现在的样子。唯有《通变论》开首一百一十字和《白马论》，才比较完整地保存了原来状态。余者凡是大量引用《墨经》的地方，多半和《墨经》的原意无关，表明这些段落是鲁胜《墨辩注叙》以后的产物。难能可贵的是《坚白论》居然保持了战国时期"盈""离"两派的对立气氛。这也无非表明：（1）编串《坚白论》的人多少知道"盈""离"之辩是怎么回事。（2）鲁胜说公孙龙传《墨辩》之学，这话经不起考验。

我们对黄云眉之说还有一个重要的修正。黄说"不违旨趣"，我们大致同意。除了《通变论》外，现行《公孙龙子》确实拿辩者公孙龙的一部分思想作了引申。但引申了的公孙龙究竟不能算诡论家公孙龙的本来面目，至少原来是"潜性的"东西，现在变成了"显性的"东西。按现行《公孙龙子》书来看（撇开近人对它的渲染），公孙龙不失为一位大哲学家。为什么这位大哲学家的思想在较早的典籍（包括庄子后学里面几乎对每一位思想家都有同情理解的大哲学史家写的《庄子·天下》）里一点反映都没有呢？这是不合情理的。相反，如同下面看到的，较早的典籍反映出来的公孙龙完全是另一面貌，这不能拿众人的不理解作为充足的解释。看来，晋代人编《公孙龙子》的目的是为公孙龙翻案，翻案就不免有所偏党和夸大，这倒是在情理中的。应当说，这次编串的成功确实是一个奇迹，竟把公孙龙思想的轮廓从无到有地重新勾画了出来，这同一个考古学家根据一小块成了化石的骨头就能构造出一种远古动物的完整模型一样。这个任务，能产生"言尽意论"那样深刻的思想的、百家争鸣的晋代是完全能胜任的。例如现行《坚白论》确实是编者的一篇创造性的奇文。本来把残缺的旧资料编串成书可以说是晋代人的专长。编书的目的是保存这些资料，不让这些资料在皇家图书馆中一天一天烂下去。当然，编串总不免有很大的歪曲。但目前在学者间流行的"晋代人喜欢作伪"的偏见，特别是像胡适那样一听到《列子》就摇头，这实在辜负了晋代学者编书的苦衷。

以上是引申发挥了黄云眉的主张。这些简略的论据未必能令人信服，但至少可以让人知道，现行《公孙龙子》未必是公孙龙的原著。有了这个不可少的导言，我们就转入本题了。所谓"较早的文献"，我们指战国末到东汉的典籍，因为这时期《汉书·艺文志》所著录的"《公孙龙子》十四篇"产生以后，尚未亡失。我们看一看，这些文献（其中也有对公孙龙适当地重视的）给我们介绍的公孙龙是什么样的形象。

《吕氏春秋》说：

> 空雒①之遇，秦、赵相与约。约曰："自今以来，秦之所欲为，赵助之，赵之所欲为，秦助之。"居无几何，秦兴兵攻魏，赵欲救之。秦王不悦，使人让赵王曰："约曰：'秦之所欲为，赵助之，赵之所欲为，秦助之。'今秦欲攻魏，而赵因欲救之，此非约也。"赵王以告平原君，平

---

① "雒"旧作"雄"，从毕沅校改。

> 原君以告公孙龙。公孙龙曰:"亦可以发使而让秦王曰:'赵欲救之,今秦王独不助赵,此非约也。'"(《淫辞》)

这倒是理直气壮。《吕氏春秋》从秦国的立场看,认为这是公孙龙的"淫辞"。从近代人看来,这样的"反唇"书生气也太大些。但这是古代的事情,不能用近代的尺度来衡量。我们引这段记载,无非因为它是唯一的现有资料,说明公孙龙如何以辩术来服务于政治。但这里并不涉及公孙龙的那些"诡论",因此并不说明太多的东西。

《庄子·天下》篇自"惠施多方"以下,专论惠施,也涉及"天下之辩者"。多数学者认为应从《天下》篇分出,别为《惠施》篇。就体裁看,独立较好。但就内容看,前后都是关于哲学史的宝贵资料,似是一人所写。现在暂时从俗不分。《天下》篇说:

> 惠施以此(指《历物》十事)为大观于天下而晓辩者,天下之辩者相与乐之。"卵有毛。鸡三足。郢有天下。犬可以为羊。马有卵。丁子有尾。火不热。山出口。轮不辗地。目不见。指不至,至不绝。龟长于蛇。矩不方。规不可以为圆。凿不围枘。飞鸟之景未尝动也。镞矢之疾,而有不行不止之时。狗非犬。黄马骊牛三。白狗黑。

孤驹未尝有母。一尺之棰，日取其半，万世不竭。"辩者以此与惠施相应，终身无穷。

桓团、公孙龙辩者之徒，饰人之心，易人之意，能胜人之口，不能服人之心，辩者之囿也。惠施日以其知与①之辩。特与天下之辩者为怪，此其柢也。

按我们的分析，这两段记载所叙述的事情时间不相同。初期辩者和惠施的《历物》比《墨经》稍前，后期辩者公孙龙在《墨经》之后。前一段所叙述的是惠施的《历物》十事怎样掀起了初期辩者的诡论大潮流。后一段所叙述的是惠施在晚年又有一段比较空闲的时间，能见到年轻的公孙龙和年龄稍长的桓团并和他们辩论不休，这时大潮流已过，辩者的学说的性质也变了。兹分别讨论之。

《天下》篇把"天下之辩者"和惠施对举，始终没有把惠施算在辩者里面。这是因为惠施有自己的学说，不但有自然科学方面的高深学说，并且有社会科学方面的"去尊"学说和逻辑学中关于"同""异"的学说，这就和初期辩者专以取胜为目标不同了。《天下》篇的两个"以此"，把惠施《历物》十事和辩

---

① 旧有"人"字，据日本高山寺古钞卷子本删。

者二十二事的发明权完全区别开，但后人仍把二者混淆。今天来看初期辩者的二十二事，深浅很不相等：有"黄马骊牛三"那样单纯的诡辩，有"轮不辗地"那样用细密的几何分析构成的诡论，也有在今天看来一点也不"诡"的、与惠施《历物》同类的"一尺之棰，日取其半，万世不竭"的深湛之论。但后一种似乎是例外。因此章太炎说："观惠施十事，盖异于辩者矣。"(《国故论衡·明见》)章太炎也是不承认惠施搞诡辩的。

近人用《庄子·秋水》篇的话，把辩者二十二事分为"合同异"和"离坚白"两类，这分类很深刻。但在《天下》篇，这两类似尚处于未分化状态。因为初期辩者的目标专在取胜，是一种逻辑练习，不论"合同异"和"离坚白"，只要适合这一目标都可以用。惠施作为思想家，必须在两者之间作一重点选择，而他是选择了"合同异"这一方向的。"天下之辩者"中在《天下》篇留下名字的只有两个，都属于后期，可能他们的著作都在《公孙龙子》十四篇里面。桓团、公孙龙和惠施相反，选择了"离坚白"这一方向。"合同异"是辩证法的表现。但如果把事物的相对性绝对化了，就流入《庄子·齐物论》一类的相对主义，然而惠施的思想似乎并没有这样的偏向。"离坚白"重视我们的认识对事物的抽象作用，而把抽象的结果实物化了，如果纠正这一偏向，就会发展成形式逻辑的思想。公孙龙在初期辩者的逻辑游戏中，隐隐约约觉得"离坚白"一类诡论似乎包含一些什么真理，因此和初期辩者"过而不留"的态度有所不同，对这类诡论颇有偏执，并且予以辩论技巧方面的发展。"辩者之囿"按一种解释就带有这意思。按另一种解释，"囿"是"苑囿"，是集大成之意。这也讲得通，因为公孙龙及其后学的著作有十四篇之多。据《天下》篇，公孙龙的辩论技巧和辩论作风是"饰人之心，易人之意"，只"能胜人之口，不能服人之心"。本来把抽象的东西实物化总是不能服众人之心的。

对此作风，刘向《别录》的一段话给了我们一个旁证：

> 齐使邹衍过赵平原君，见公孙龙及其徒綦母子之属论"白马非马"之辩。以问邹子，邹子曰："不可。彼天下之辩有'五胜''三至'，而'辞正'为下。辩者别殊类使不相害，序异端使不相乱。抒意通指，明其所谓，使人与知焉，不务相迷也。故胜者不失其守，不胜者得其所求。若是故辩可为也。及至烦文以相假，饰辞以相悖①，巧譬以相移，引人声使不得及其意，如此害大道。夫缴纷争言而竞后息，不能无害君子。"坐皆称善。（《史记集解·平原君传》引）

---

① "悖"旧作"惇"，从陈柱《公孙龙子集解·卷首》引改。

我们不嫌重复，把这段话重新引了一遍。这种"引导对方犯错误"的作风，我们在《通变论》开首一百一十字（次序移正后）尚可以看到。就是阮裕所拟的《白马论》也是用了这个方法。

还需要引《吕氏春秋》的一段话，来完成我们对《天下》篇的分析：

> 孔穿、公孙龙相与论于平原君所，深而辩，至于臧三耳①。公孙龙言臧之三耳甚辩。孔穿不应。少选，辞而出。明日孔穿朝。平原君谓孔穿曰："昔者公孙龙之言甚辩。"孔穿曰："然，几能令臧三耳矣。虽然，难。愿得有问于君：谓臧三耳甚难而实非也，谓臧两耳甚易而实是也。不知君将从易而是者乎，将从难而非者乎？"平原君不应。明日谓公孙龙曰："公无与孔穿辩。"（《淫辞》）

按我们的体会，平原君说"公孙龙之言甚辩"，多少含有"仔细讲道理，很有说服力"的意思。当然这和《齐物论》的话在观点上是冲突的。《史记·平原君传》说平原君优待公孙龙，认为他善为"坚白之辩"，也是这意思。可见平原君的确与众人不

---

① "臧三耳"三字旧作"藏三牙"，据《孔丛子》改，下同。

公孙龙的学说的倾向性 / 115

同,他细心听取了公孙龙的辩论,并对它有同情的了解。我们看到,公孙龙的论题仍和初期辩者的"鸡三足""火不热"差不多,只是稍稍改换一下成了"臧三耳""冰不寒"等,主要的是他在辩论技巧方面作了很大的改进。他偏执"离坚白"一类的诡论,认为常识的观点"臧两耳"只是"俗见",不是严格的真理,真正严格的真理是"臧三耳",因为在左耳和右耳之外,明明还有一个一般的"耳"。如果没有孔穿和邹衍的干涉,平原君由于好奇,真会成了公孙龙的信徒。然而《天下》篇对公孙龙的诡论并不表同情,认为桓团、公孙龙只是同初期辩者一样,为了取胜而辩,不是为了真理而辩,所以说他们是"辩者之徒"。并且认为惠施在晚年天天和这样的人辩论,很不值得。这里《天下》篇既冤屈了公孙龙,又对惠施了解不够。深刻的《天下》篇作者,在这里未免"一间未达",我们认为并不奇怪,因为他走的是惠施的"合同异"道路。"鸡三足""目不见"的论证的大意还在现行《公孙龙子》中保存着,但都处于从属地位,这肯定不是公孙龙原著的样子。"臧三耳,可乎?"在现行《坚白论》竟变成了"藏三可乎?"于是《坚白论》的编者在"藏"字上作了很多文章,说什么"离也者,藏也",这哪里会是公孙龙原著?我们认为《坚白论》的编者故意不理睬《吕氏春秋》的记载,认为《吕氏春秋》诬蔑公孙龙的那些篇章所说的并非事实,并且"藏"字自有妙义,即现行《坚白论》说的"自藏",所谓"其不坚石、物而坚,天下未有若坚而坚藏",这样把公孙龙真是发挥得太凶狠了,同时又把"臧三耳"这项对公孙龙不太光荣的诡辩也就吞没了下去。这篇奇文基本上是《坚白论》的编者的天才创作。如果真是公孙龙原著,有这样"高超"而独特的唯心论学说的公孙龙的面貌不可能在较早典籍中毫无反映。

在汉代文献中,比较有价值的材料是《淮南子》三次讲到公孙龙,对公孙龙的评价三次很不相同:一次肯定,一次否定,一次否定中含有很大的肯定。《淮南子》的作者并非一人,观点的差异是情理中的事,何况这三次所说的也未必真有矛盾。《诠言训》是对公孙龙否定的:

公孙龙粲于辞而贸名。

高诱注说:

公孙龙以"白马非马""冰不寒""炭不热"为论,故曰"贸"也。

"贸名"是"乱名"的意思。《诠言训》的作者认为：公孙龙长于"辞辩"，但结果乱了"名实"。从这话我们可以估计，公孙龙和正名实的尹文并无关联，至少《天下》篇没有说他们有关联。如果承认仲长统的话，那么和尹文有关联的应该是孔子弟子公孙龙。辩者公孙龙和尹文的关系可能是魏晋人拉上的。我们特别强调：现行《名实》篇所代表的只是晋代人心目中的名家公孙龙，不是历史上的辩者公孙龙。（我们所提出的这两个公孙龙和开头所说两个历史上的公孙龙也不是一点纠葛都没有。）"正名"并不是辩者公孙龙的旗帜。较早文献只指责公孙龙乱名实，从来不指责公孙龙名为正名实而实际乱了名实。唯有《汉书·艺文志》把公孙龙列入名家，又说名家正名实，这样就叫人推论"公孙龙也正名实"，其实《汉书·艺文志》也没有直接说公孙龙正名实。鲁胜的"以正刑名显于世"这话看来并无根据。（公孙龙生长在三晋的法家空气中，法家是讲"正名实"的，但公孙龙在"正名实"一点上并不突出。）然而晋代人最佩服毛公"论坚白同异，以为可以治天下"[1]的态度，因此认为公孙龙的学说和"正名实"有关，那么倒也真和逻辑有关。为了说明全书的宗旨所在，现行《公孙龙子》的编者于

---

[1] 《汉书·艺文志》颜师古注引刘向《别录》。

是作了一篇压阵的、不包含诡论的、一气呵成的文章《名实论》。这样为了翻公孙龙的案,所有"潜性的"东西都变成"显性的"了。

《淮南子·齐俗训》对公孙龙也是否定的,但这里透露的东西比较多。《齐俗训》说:

> 公孙龙析①辩抗辞,别同异,离坚白,不可与众同道也。

"不可与众同道"虽是贬词,但这一段上下文把公孙龙和苌弘、师旷、鲁般、墨子当作同类并提,其他古书都没有给他这样大的光荣。公孙龙的才智,能和"墨子以木为鸢而飞之,三日不集"相比,竟是大科学家了。只是"并提"未必是"等价",所以我们最好不要根据这段话来无限夸大公孙龙。还有一点可以注意:《庄子·秋水》篇说"合同异,离坚白",这公式很全面,"合""离"两方面都有。为什么《齐俗训》要把"合同异"改成"别同异"?是不是因为公孙龙从来不讲"合同异","合同异"三字显得不合适了?再从思想的性质看,惠施从"合"出

---

① "析"旧作"折",据高诱注改。

发,就可以把"合"和"离"也合起来,而"离"处于从属地位;公孙龙从"离"出发,就会把"合"和"离"完全隔绝。《秋水》篇只是说他在初期训练中"合""离"两方面都有。到成熟时,我们相信公孙龙就只讲"离坚白"了,而完全排斥"合同异"。从《坚白论》《白马论》《名实论》看,公孙龙是必然排斥"合同异"的。《指物论》的"物莫非指,而指非指"是"合同异"的最高典型。("物莫非指",流行的解释"物都是由许多指组成的"在文字上虽很自然,但我们总觉得这个贝克莱式的论断在《指物论》中并无确证,因此我们宁可采用像"个别就是一般"那样的简单的讲法。)这篇和《白马论》不相容的《指物论》,我以前作《句解》一文[①],曾假定它是三方面的对话,有论主,有客甲,有客乙。看来客乙的观点("指非非指也,指与物非指也")倒完全是公孙龙的,论主是和公孙龙对立的。直到现在,我仍然觉得这样的三人对话是《指物论》的最恰当的文字上的解释。《指物论》并不代表公孙龙的思想,而是走到了公孙龙的反面。那么《指物论》的作者又是谁呢?我们猜想是晋代人爰俞。关于爰俞其人,《三国志·邓艾传注》引荀绰《冀州记》,说他"清贞贵素,辩于论议。采公孙龙之辞,以谈微理。"《指物

---

① 《光明日报》《哲学》副刊第374期,1963年。

论》我们认为就是他"采公孙龙之辞，以谈微理"之文。我们并且疑心爰俞就是现行《坚白论》的编者，他既凭一些破烂资料编串了《坚白论》，把公孙龙发挥透彻了，觉得余义未尽，于是从《坚白论》的思想出发，又另作一文《指物论》，这时就向公孙龙的反面发展了。爰俞写《指物论》时并未冒充是公孙龙的著作，所"谈"的"理"确是"微妙"，但那是他自己的思想。爰俞所谓"指"，即"坚""白"等属性。"指"字的这个用法，是《指物论》所独有的，《墨经》《荀子》都还没有。(有人认为《墨经》已有，这是对《墨经》的误解。)唐太宗时成玄英作《庄子疏》，当时他所承认的公孙龙的著作，似乎《指物论》不在内。《庄子疏》屡次称引公孙龙的著作，但在疏解《齐物论》的"以指喻指之非指"一段时，却一字不提所当引的公孙龙《指物论》，这有点奇怪，并且全部《庄子疏》都不提《指物论》。可见《指物论》成玄英并没有看见，至少不认为是公孙龙的著作。唐高宗时，现行《公孙龙子》才开始有了定本，就是包括六篇名为"公孙龙子"的那个本子。有了《指物论》，《公孙龙子》书的声价就长了一百倍。

在儒家至高无上的空气中，两汉人对《公孙龙子》十四篇仍然相当有研究的是扬雄和桓谭。扬雄《法言·吾子》篇说：

> 或问公孙龙诡辞数万,以为法,法欤?曰:断木为棋,捖革为鞠,亦皆有法焉。不合乎先王之法者,君子不法也。

王琯《公孙龙子悬解·叙录》说:"扬子《法言》称龙诡辞数万,似当时完本,为字甚富。"公孙龙离开赵国后,专事著述,成十四篇之多,这部"诡论大全"肯定字数不会少。从上引的话可以看出:扬雄虽认为公孙龙的诡辞不合先王之法,是君子所不当法,但也不能不承认这些诡论具有像博弈那样的严格规矩。如果拿来衡量现行六篇《公孙龙子》,那么只有《通变论》开首一百一十字和《白马论》(全文)才当得起这样的称誉。在这个意义上,我们可以说晋代人编串的《公孙龙子》是失败了,他们至多给了我们一个"公孙龙思想纲要"。前面我们虽说现行《坚白论》是一篇创造性的奇文,但它完全用文学笔调写出,论证很不严格,前半篇和后半篇的学说没有必然的逻辑关联,过渡仅靠偷换论点,决不是公孙龙原著的样子。其实在五篇《公孙龙子》中,所有和常识违反的、用通常语言讲的"诡论",都用来牵强地服务于另一命题——一个哲学命题或者甚至是常识命题。唯一的例外是"白马非马",而这命题按它的一个意义讲也并不"诡"。《名实论》和《指物论》则连

"诡论"都没有了。"指不至"(用"指非指"形式)本来是诡论,但就所用"指"字的抽象意义讲也已经变成哲学命题,不是通常的"诡论"了。我们相信:十四篇所有的诡论都像"白马非马"那样,本身是独立的,不是从属于其他命题的(篇幅并不需要现行《白马论》那样长,几个诡论可以合成较长的一篇)。总之,"改造"的痕迹是那样明显。没有这个假设,许多问题都无法说明。就说这五篇文字,无论怎样唯心,也何至于只"能胜人之口,不能服人之心"呢?前面我们说过,《名实论》不是公孙龙的著作。这从上引扬雄的话竟完全得到了证明。《名实论》说:"至矣哉古之明王!审其名实,慎其所谓。至矣哉古之明王!"既然公孙龙的学说是以先王为法的,扬雄的责备岂不成了无的放矢吗?公孙龙虽然不至于像田巴那样"毁五帝,罪三王"(《玉函山房辑佚书·鲁连子》),但也不需要把自己的一套诡论附会到"先王"身上。如果《名实论》真在十四篇内,而扬雄的意思是"公孙龙名为法先王,但实际上不以先王为法",那么扬雄就应该明白地这样说。否则当时读《法言》的人可以根据《名实论》作出推论:既然公孙龙的学说是以先王为法的,那就不一定"君子不法也"了,相反,倒是君子该法的了。难道能文的扬雄不考虑到这个和他的原意正相反的结果吗?可见十四篇内肯定不会有像《名实论》那样的文章。

公孙龙的学说的倾向性

和《法言》一样，《庄子》《淮南子》《论衡》都向我们说明了公孙龙的诡论是不简单的。《庄子·秋水》篇说：

> 公孙龙问于魏牟曰："龙少学先王之道，长而明仁义之行，合同异，离坚白。然不然，可不可，困百家之知，穷众口之辩，吾自以为至达已。今吾闻庄子之言，汒焉异之。不知论之不及与？知之弗若与？今吾无所开吾喙，敢问其方。"公子牟隐几太息，仰天而笑曰："子独不闻夫埳井之蛙乎？谓东海之鳖曰：'吾乐与！出跳梁乎井干之上。入休乎缺甃之崖，赴水则接腋持颐，蹶泥则没足灭跗。还视①虾蟹与科斗，莫吾能若也。且夫擅一壑之水，而跨跱埳井之乐，此亦至矣。夫子奚不时来入观乎？'东海之鳖，左足未入而右膝已絷矣。于是逡巡而却，告之海曰：'夫千里之远，不足以举其大；千仞之高，不足以极其深。禹之时十年九潦，而水弗为加益；汤之时八年七旱，而崖不为加损。夫不为顷久推移，不以多少进退者，此亦东海之大乐也。'于是埳井之蛙，闻之适适然惊，规规然自失也。且夫知不知是非之竟，而犹欲观于庄子

---

① 旧脱"视"字，从王叔岷校补。

之言，是犹使蚊负山，商蚷驰河也，必不胜任矣。且夫知不知论极妙之言，而自适一时之利者，是非埳井之蛙与？且彼方跐黄泉而登大皇，无南无北，奭然四解，沦于不测，无西无东①，始于玄冥，反于大通。子乃规规然而求之以察，索之以辩，是直用管窥天，用锥指地也，不亦小乎！子往矣！且子独不闻夫寿陵余子之学行于邯郸与？未得国能，又失其故行矣，直匍匐而归耳。今子不去，将忘子之故，失子之业。"公孙龙口呿而不合，舌举而不下，乃逸而走。

这段文字开首就并提"先王之道"和"合同异，离坚白"，好像和我们前面关于《法言》的那段话有冲突。我们认为：假定《秋水》篇的作者并未混淆战国时期的先后两个历史上的公孙龙，那么"先王之道"仍可以理解为不包括"合同异，离坚白"。这段文字中的公孙龙也并没有把两者搞混。故事中的魏牟以轻蔑的态度说公孙龙"规规然而求之以察，索之以辩"，其实这恰好是科学研究者应有的态度。那么在《秋水》篇的作者的眼中，公孙龙的那一套似乎并不是仅能作为逻辑游戏的不严肃

---

① 旧作"无东无西"，据韵改。

的东西，而是对真理的追求了。另外一点是：道家对公孙龙的态度，在晋代人编的《列子·仲尼》篇中借同一个"公子牟"忽然有了一百八十度的转变。这透露了什么消息呢？就是为公孙龙翻案。

《淮南子·道应训》说了一段公孙龙的事迹后，又用《老子》的话歌颂一番，对公孙龙是完全肯定的。我们在上一篇《公孙龙其人》中，已经引了《道应训》的这段故事。因为和公孙龙的诡论的内容没有多少关联，在这里我们只引开头的一句话：

> 昔者公孙龙在赵之时，谓弟子曰："人而无能者龙不能与游。"

公孙龙有很多弟子，但没本领的人他就不收录。这表明公孙龙对弟子的要求是严格的，不合这要求的就休想及格。同时这也表明公孙龙的那一套不是容易学的。但反过来，凡有一技之长的他也都愿意收录。这就为曹操的"不拘一格"的风度开了先例。

王充在《论衡·按书》篇中说：

> 公孙龙著"坚白"之论。析言剖辞，务曲折之言，无道理之较，无益于治。

这也表明了公孙龙的学说不简单，同时又表明公孙龙搞的那一套并不联系到政治，和毛公完全不同。这里我们还看出一个问题，公孙龙的学说，本来是以"坚白论"为中心的，三国以后重点转移，好像他的学说是以"白马论"为中心的。这个转变，我们认为和历史上的辩者公孙龙转变为晋代人心目中的刑名家公孙龙实质上是一回事。现行《公孙龙子》中最重要的文章有三篇，其中两篇是我们认为多少能代表公孙龙的思想的。《白马论》较浅，也比较容易和刑名家的"正名实"连起来；《坚白论》较深，三国以后一般对此问题已无兴趣，也理解不了。故东晋初的阮裕只恢复了《白马论》。后来发现公孙龙的残篇后，爱俞才把重点重新放到《坚白论》上来。这时他已无法改变"刑名家公孙龙的学说是以《白马论》为中心的"这样一个流行的成见了。（参看晋代人编的《迹府》）

以下专门讨论"白马非马"之辩。

现行《公孙龙子》五篇中不引《墨经》的只有《白马论》和《指物论》，文字也比较流畅。我们疑心这两篇有单行本流传，否则不大好解释为什么宋代陈景元只录了这两篇（见《道藏》目录)。《指物论》中论主的思想我们已经判定为不是公孙龙的。《白马论》是阮裕拟的讲义，确实拟得很好，但里面论主说了一句话："此飞者入池而棺椁异处，此天下之悖言乱辞也。"这个恐怖主义的手法有"贼喊捉贼"的嫌疑，毋宁说是《白马论》的一个缺点，但它确实起了作用，使客方脑子糊涂起来，准备投降了。我们认为：这一句话有"正名"的口气，不会是公孙龙原著所有，如果是公孙龙原著所有，较早的文献就会逮住他大骂了。这点前面也已经说过。这篇文章开头用了桓谭所提供的材料。桓谭《新论》说：

> 公孙龙，六国时辩士也。为"坚白"之论，假物取譬。谓白马为非马。非马者，言"白"所以名色，"马"所以名形也；色非形，形非色。(《太平御览·四百六十四人事部》引)

这里所引无疑有十四篇的原文在内，因此是最宝贵的资料。桓谭行文简捷，提了"坚白"就立刻转到"白马"，因为对于汉代人来说，"白马非马"已经是比较有兴趣的题目了。"色非形，形非色"六字我们疑心也是公孙龙的原文，比现行《白马论》的"命色者非命形也"要斩截爽快得多。《迹府》首段也用了《新论》的材料。但如果拿《迹府》首段和桓谭这段文字相比,那么不但"坚白"错成了"守白",并且凡《迹府》所多出的文字看来全有问题。现在不赘了。

关于"白马非马"的发明权,《韩非子·外储说左上》说:

> 兒说,宋人善辩者也。持"白马非马也",服齐稷下之辩者。乘白马而过关,则顾白马之赋,故籍之虚辞则能胜一国;考实按形,不能谩于一人。

《庄子·天下》和《荀子·不苟》、《正名》所举诡论很多,但没有"白马非马"。《正名》篇提到《墨经》的"牛马非马",王先谦硬读为"白马非马",太粗心了。《庄子·齐物论》提到"马非马",也没有说"白马非马"。成玄英的疏解是"马,戏筹也",和白马无关。我们认为"马非马"还是和白马有关,并非"戏筹"。看来"白马非马之辩"是兒说所创,比较晚出。公孙龙的"白马非马"是继承了兒说的。兒说能服稷下之辩士,而公孙龙不能服人之心,这是一个对比。似乎"白马非马"和其他诡论不太相同。邹衍听了"白马非马",也认为"辞正",只是他反对公孙龙的辩论态度。对公孙龙来说,"白马非马"这一并不太诡的诡论是不过瘾的。公孙龙不是刑名家,不讲正名实,"白马非马"在他只是在"诡论大全"中占一位置而已。

公孙龙的学说的倾向性

《战国策·赵策二》中苏秦说:

> 夫刑名之家,皆曰"白马非马也"已。如白马实马,乃使有白马之为①也,此臣之所患也。

"白马非马"之说并非苏秦的时候就有。《战国策》的许多辞令本来不一定符合当时的录音,因为古代并没有录音器。既是经过了后人渲染的,那么这一点我们可以不管。问题是:"白马非马"之说何以竟成了刑名家的常识?这是有一段过程的。韩非是反对"白马非马"的,但此说终于为刑名家中讲逻辑的一部分人所接受。《赵策》中的苏秦只是借用"白马非马"来为自己开脱。苏秦合纵,斩白马而成六国之盟。这回使秦,假装"纵不可成",所斩的白马也是假的。但是终究斩了一匹马,所以是"臣之所患"。这个解释不知道是否可通。这里似乎还有"白马是假象,马是本质"的含义,但这和《白马论》的逻辑显然不同。

综上所引,较早的文献所给我们的公孙龙的形象是历史上的辩者公孙龙的比较真实的形象。而《列子·仲尼》篇和现

---

① 通"伪"。

行《公孙龙子》(包括《迹府》在内)所给我们的另一形象则是晋代人心目中的理想的"至人"或刑名家公孙龙的形象。两个公孙龙当然有些相同的地方，但是也有很多不同的地方。一个是诡论家或"潜性的"哲学家，一个是"显性的"哲学家或逻辑理论家。前一个公孙龙不太叫人喜欢，但他有很多辩论技巧可以供人学习，可惜材料几乎没有了。后一个公孙龙受了道家的洗礼，是晋代的刑名家按自己的形象改造过后的公孙龙。这个公孙龙比较令人喜欢，因为把诡论背后的哲学思想阐发出来了。两个公孙龙都有研究的价值。晋代人所编串的《公孙龙子》虽然相当成功，但仍为六朝以后的人所鄙弃，直到明代和清末才渐渐受到学者们的重视。这是后一个公孙龙的遭遇。我们有了马克思列宁主义毛泽东思想作为武器，才把这两个公孙龙区别开。那么前一个公孙龙的学说面貌，如果运用这同一武器，也会有可能适当地弄清楚。这是我们的基本思想，也是中国逻辑史的重要课题。

我研究《墨经》、惠施、公孙龙，三四十年前就开始摸索。1949 年前我讲课虽然有点怀疑现行《公孙龙子》，但总觉得证据不够，因此仍把现行五篇《公孙龙子》当作公孙龙原著处理。为了便于讲解《公孙龙子》的文义，这也是一个办法。我并且劝凡初摸《公孙龙子》的人都用这个办法，就是把五篇文章暂时看作公孙龙原著，以便集中注意力于文义的理解。但是这个态度只能维持一定的时间。既然已经看出现行《公孙龙子》有问题了，那么研究一定要深入下去，追问其究竟。庞朴同志提出了黄云眉的主张的重要性后，我确实感到黄云眉先得我心。但他只有一个看法，缺少论据，并且还未能区别我们所说的两个公孙龙，因此我把我的心得写了一部分出来，并根据唐钺先生的意见，对黄云眉的主张作了重要的修正。我相信，如果一个人持严肃的科学态度，推敲六篇文字和鲁胜的《墨经注叙》以及有关公孙龙的较早资料，时间久了，所得结论会和上述看法大体一致的。

[原题作《公孙龙考（二）》，收入《中国哲学史研究》1989年第3期。]

周易序卦骨构大意

易六十四卦，有主卦，有散卦。凡内外卦同序为主卦，内外卦异序为散卦。老与老，长与长，中与中，少与少，曰同序。又卦有类合有应合。内外卦同类曰类合，异类曰应合。同类，谓阳卦与阳卦，阴卦与阴卦。类合之主卦，即八卦自重，若是者无相应之爻，乾、坤、习、坎、离、震、艮、巽、兑是也。应合之主卦，即卦之六爻皆应者，其为数亦八，泰、否、既、未济、咸、恒、损、益是也。凡主卦之数十有六，立序卦之骨构，其余四十八卦皆散卦。主卦总为六组：乾、坤一也，泰、否二也，坎、离三也，既、未济四也，震、艮、巽、兑五也，咸、恒、损、益六也。上篇始之以乾、坤，中之以乾、坤之交泰、否，而终之以坎、离；下篇终之以坎、离之交既、未济，而中之以震、艮、巽、兑，始之以震、艮、巽、兑之交咸、恒、损、益。一顺一逆，皆类合应合相间。

上篇以类合卦始，应合卦次之，仍以类合卦终。下篇以应合卦始，类合卦次之，仍以应合卦终。乾坤与乾坤之交居上篇，先之以乾坤，而次之以乾坤之交泰否，正也。震艮巽兑与震艮巽兑之交居下篇，先之以震艮巽兑之交咸恒损益，而次之以震艮巽兑，交也。此十二卦，所以统散卦而立其体也。坎离与坎离之交既、未济，则以终上下篇而藏其用焉。又乾坤纯中之至纯，比应之爻皆同质，故为六十四卦之始；既、未济交中之至交，比应之爻皆异质，故为六十四卦之终。乾阳坤阴，故先乾后坤；坎阳离阴，故前坎后离；震艮阳巽兑阴，故先震艮后巽兑。咸恒互乾，损益互坤，又咸恒有坎象，损益有离象，故先咸恒后损益。凡应合之卦，内阳外阴为得交，内阴外阳为失交；泰否二卦，一则内纯阳而外纯阴，一则内纯阴而外纯阳，是为得交失交之极则，故先泰后否，先得交后失交也。凡阳爻居阳位，阴爻居阴位为得位，阳爻居阴位，阴爻居阳位为失位；既、未济二卦，一则六爻皆得位，一则六爻皆失位，是为得位失位之极则，故先既济后未济，先得位后失位也。又类合之卦，长先而少后，故先震后艮，先巽后兑，从其序次之体也；应合之卦，少先而长后，故先咸后恒，先损后益，从其发展之用也。上篇散卦之次乾坤者八卦，屯、蒙、需、讼、师、比、小畜、履是也。下篇散卦之次震艮巽兑者亦八卦：中次震艮者半，渐、归妹、丰、旅是也；次巽兑者半，涣、节、中孚、小过是也。上篇散卦之次泰否者十有六卦，同人、大有、谦、豫、随、蛊、临、观、噬嗑、贲、剥、复、无妄、大畜、颐、大过是也。下篇散卦之次咸、恒、损、益者亦十有六卦：中次咸恒者半，遁、大壮、晋、明夷、家人、睽、蹇、解是也；次损益者半，夬、姤、萃、升、困、井、革、鼎是也。是为序卦之骨构。予初创此说，以为前人所未发，近读崔东壁遗书《易卦次图说》，乃与予说不谋而合；由是知客观真理，非一人之言，故详著其说，读者幸无忽之。

至散卦之排列，崔氏未详其故。以其较主卦为复杂，骤观之极散乱，实则处处有法象存乎其间。大致上篇之排列象天而圆，下篇之排列法地而方。上下篇各有抱插嵌三势。又有回互交错顺布三序：回互之序用于上篇，顺布之序用于下篇。而交错之序通上下篇。要之，逆顺错综，处处对称，一往一复，妙趣无穷，断非出于偶然可知。兹限于篇幅，不详述。

（《北京晨报》"思辨"专刊第36期，1936年5月6日第11版。）

周易卦序分析

《周易》义例首干而主长男，首干体也，主长男用也，故能以阳驭阴，以刚制柔。其序卦也，用建构原则（Principle of Architectonic）而不用平等原则（Principle of Continuity）[①]是以意味深长。后世儒者多不能晓，盖其卦有主从之别，有同德合德之分，主卦十有六，立其骨构，从卦四十有八，皆以八相随。其排列则上篇象天而圆，下篇法地而方。有三序：回互之序，用于上篇；交错之序，用于上下篇；顺布之序，用于下篇；井然森然杂而不乱，学者所宜用心焉。

（《哲学评论》第7卷第1期，1936年9月。）

---

① 原文如此，英文疑有误。——编者注

中国哲学今后的开展

引论　哲学的非历史性与历史性

哲学的真理是超历史的。

哲学的基本了悟是不可增益的,非发展的。了悟的程度有浅深,有究竟,有不究竟,但了悟的内容是最后的,非发展的。

一般真理的认识——包括一大部分哲学的知识——却是渐进的,历史的,发展的。

哲学的内容观点是多方面的,也有浅深程度不同的诸阶段。

就人生哲学说,到真理的路途是随着各个人各社会的性格、生活、环境、历史而有无量的差异,但殊途而同归。

本论第一节　中国民族性与哲学

一般对于中国民族性与哲学的关系，有两个相反的见解。一方面有人说：中国人既看重现实，不喜欢冥想，也没有为真理而求真理的精神，所以在哲学上的成就也就很小，远逊于印度与西洋。一方面有好些西洋学者对中国文化非常钦慕，就是因为中国有它那种透辟的，深厚精微的哲学。印度佛家向来也有"东土多大乘根器"的传说。这样看来，中国人的哲学天才似乎比印度人还高，简直为全世界之冠了。

分析中国民族性与哲学的关系，可以归结到两个基本点：(一)中国人往往是悟性很强的，他那种直觉的本领，当下契悟的机性，远过于西洋人与印度人。这不但从中国古代大哲学家的著作与禅宗的语录里可以看出来，就在日常生活中也有时可以感觉到。(二)一般的中国人在性格上习惯上大都看重现实生活，对于现实生活以外的问题是一概不理会的；因此既不尚冥想，也没有超现实的理念境界。

因为悟性强，所以中国人对于事物持一种不分析的态度。他那与天地万物为一体的精神，使他看轻一切割裂的、分析的思想活动。实际上过度的分析活动也是有碍于悟性的明澈的。

因为看重现实生活，所以中国人有他那种特殊的心平气和的客观态度。中国人崇尚理性，蔑视强权，差不多个个人都有不同和平的人类生活理想在脑中。

中国人因为看重现实生活的缘故，所以讲究中庸，讲究调和，不走极端。在学术方面，便是尽量吸收各种不同的思想，冶为一炉。

因为取的是不分析态度，又因为爱好调和，同时却没有一种积极的综合的方术。所以一大部分的中国人，陷入思想笼统的浅薄，不喜欢抽象的，彻底清晰的思想活动。一方面也因为不分析的缘故，没有组织思想的能力。有些人就是有了很清楚的见解，也不肯系统地，由浅入深地把它写出来，使人人可以得益。

照这样看，构成中国民族性的各成分——有先天的，有一半先天，一半由于习惯的——其中一部分呈现着极度的哲学才能，一部分又暴露了中国人对于哲学问题不理会，对于哲学系统不努力的种种弱点。

这几个弱点虽然与中国人先天的性格有关系，却不是完全为性格所决定了的。就拿不分析态度来说，中国人不是不能分析，乃是不愿意分析；因为听了几个绝顶天才的话，觉得分析没有多大价值，所以不屑去作分析的工作。现在中国人受了西洋文化的影响，已经改变了态度，而且正在那里尽量作分析工作，一点也不输于西洋人。就说中国人的数学天才，也要胜过英美人好几倍。从这条路走，中国人会渐渐改去了思想笼统不彻底，缺乏抽象概念等等的弱点的。慢慢地中国人会有一天觉悟，现实生活以外的问题，与超现实的理想，处处都与现实生活的幸福有重大的不可分离的关系，不过眼光短浅的人看不出来罢了。至于思想的组织能力，也是随着逻辑的精神而增长的，这在以后还要说到。

一方面中国人也自然会保持着他那种明澈的悟性，理性的尊崇，客观的态度，调和的综合的精神，因为这些都是对于哲学，对于文化的发展有莫大的益处的。

总结一句，中国民族从先天的性格，已往的成就，将来的可能三方面看来，不愧是一个"哲学的民族"。

本论第二节　过去中国文化的两大分期与哲学的血脉

中国虽然在以往的历史没有多少系统的哲学思想，但中国文化在过去的光荣里，处处充满了哲学的精神。

过去中国的文化，可以分作两大时期。尧舜三代秦汉的文化，是刚动的，思想的，社会性的，政治的，道德的，唯心的文化。魏晋六朝隋唐以至宋元明清的文化，是静观的，玄悟的，唯物的，非社会性的，艺术的，出世的文化。

这两期文化的发展与转变，由下表可以得到一个粗疏的大概：

第一期文化开始 ★	第一期文化全盛 ★	第一期文化消灭	外拓的文明过渡期开始 ★	
唐虞夏商周结束				秦汉
过渡期亦衰落期第二期文化孕育	第二期文化全盛 ★	复古文化运动 ★	衰落 ★	回光返照
魏晋六朝隋	唐五代	宋元	明清	结束

第一期文化，是以儒家的穷理尽性的哲学为主脉的。它是充满着慎思明辨的逻辑精神的。这一期的思想是刚动的，创造的，健康的，开拓的，理想的，积极的，政治道德的，入世的。

周代是第一期文化全盛的时候。这期文化最高的表现，就是周代的礼乐。周代的礼乐是建筑的，数理的，反映着封建意识的，象征的，宇宙的，充满着伟大的理想的。

能深深地抓住这一种伟大的精神而加以理论化的，是孔子。

在儒家的正统思想以外，道家的返朴思想与玄悟的精神也在周代找到伟大的代表者：老子与庄子。

秦灭六国的时候，施行全盘的大屠杀，中国民族顿然回到野蛮的，黑暗的状态。这是中国文化的第一次浩劫。

汉代承继着秦的政治改革，与周代残余的文化糟粕，一边参用黄老的权术，一边提倡忠义质直的气节，发展为一种外拓的文明。自然主义在这时候渐渐兴起，这是过渡到第二期文化的一种表示。

魏晋六朝，是政治的衰落期。佛老思想兴盛，艺术发展到了最后的阶段——柔媚细腻的阶段。这时第二期文化已经孕育了。

第二期文化，是以道家的归真返朴的玄学为主脉的。中国人两千年来精神生活的托命处，也就在静观默契的玄悟。这一期的文化思想，是唯物的，非理想的，恬退的。中国人在这一期内所诵的格言，就是"大事化为小事，小事化为无事"，不是"富有之谓大业，日新之谓盛德"了。

艺术的发展，在这一期内竟达到了一种特殊的，不可超越的神韵境界。

我们叙述第二期文化，是以禅宗的造诣为极峰的。在这里可以看出当时一部分的中国人那种不可企及的明澈的悟性，真是单刀直入，透辟，究竟，不糊涂，不笼统，有体有用；中国人的精神与绝对真理契合，到了绝顶的光明境界，自古所未有的。后来虽然有很多笼统糊涂的人模仿他们的皮相，毕竟这里有个天壤之别，是不可同日而语的。

唐代是第二期文化全盛的时候。唐代的艺术一反六朝的萎靡，以诗人的天才为最高原则，发展到空前绝后的阶段。唐代的艺术不只像六朝的艺术那样要求"典雅"，它要求的是"神奇"，是浪漫。光烁千古的盛唐诗人，是中国文化的永久的夸耀。

就表面上看，第二期文化在政治道德礼俗各方面，挂着的是儒家的牌子。其实在这一时期的中国人，已经不能够了解古代儒家那种伟大的积极的创造的精神了，只是在利用着儒家的糟粕来收一点维系人心的功效罢了。不但礼乐不兴，中国没有像古代儒家所要求的那种社会性的文化，就是在道德一方面，也变成消极的，女性的，私人感情的关系了。中国人的最高理想，确是元代山水画中所表现的一种离言说的悟悦境界——老庄的境界，不是孔孟的道德。

宋学的兴起，是对外来的佛教反动，是复古的中国本位文化运动。宋学的贡献,在重新积极地提出中国的圣人为人格的最高理想,在重新提出穷理尽性的唯心哲学,继续《孟子》与《中庸》《易传》作者的未竟之业。宋学的失败,在缺乏慎思明辨的逻辑,在不能摆脱几百年来的唯物思想与虚无思想,不能达到古代儒家那一种创造的,能制礼作乐的多方面充实的直觉。没有那开展的建设的能力,而只做到了虚静一味的保守,以迷糊空洞的观念为满足。宋儒轻视艺术,对文化也有一种消极的影响。结果只是教人保守着一个空洞的不创造的"良心",在中国人的生活上加起重重的束缚,间接地招致了中国文化的衰落。

到了明代,中国人的不健康的精神,道德的腐败,完全暴露无遗,中国文化已到了衰落的时期,每况愈下,不可收拾了。

清代的皇帝提倡宋学,躬行儒家的政治,使中国文化有一度最后的"回光返照",一个总算账,一个结束。经学到了清代,走上了科学的道路,同时哲学思想差不多完全消灭。清代文化,是一个没有哲学的文化。清代的艺术,是模仿的功夫到了家的,讲究得不能再讲究了的学者的艺术。第二期文化到这时候也不能再不结束了。

清代后期的艺术,已经到了柔弱粗俗的阶段,再没有东西了。生活方面政府既腐败,人民也是腐败。这时候中国真可以说是一个没有文化的国家了。于是加上外交的失败,西洋科学文明的模仿,非人文的新式学校的设立,革命军的兴起,五四运动的爆发,新文学的尝试,线装书的入茅厕,学风的浅薄浮夸,文化的破产,政治的混乱,经济的贫困,左派的猖獗,同时没有一个有力量的守旧学者能作中流砥柱,你想一个没有哲学没有思想的文化,在这种环境之下,哪能不倒呢?可是旧文化是倒了,同时并没有一个新文化能出来代替它,于是到处表现着的是浅薄,是模仿,抄袭,猖狂,茫然无措。这是中国文化的第二次浩劫。

本论第三节 历史的节律性与中国哲学今后的开展

古语说:"祸兮福之所倚。"在这个大酝酿的时期以内,中国人在物质与思想各方面,虽然没有能赶上西洋,已经有了显著的进步。这一个大混乱,大酝酿的时期,很显明的是一个过渡,它极度地呈现了过渡时代的浅薄。这个浅薄的时代,真乃一个伟大的时代,因为它是过渡到未来的第三期的中国文化,那将发稀有的光彩的。这是进向大时代的酝酿,有预感的人,都可以预感到。

不幸的中国人在这时期以内，受了浅薄的唯用主义的影响，轻视哲学，以为哲学问题都可以不了了之；他决不想一想中国民族的堕落，完全是精神的堕落，并不是经济的失败。政界的人大都认为理论是没有多大用处的，中国目前所需要的，是踏实的工作；理论不但无益，反而有害，因为它是足以引起意见的分歧，招致政党的分裂的。至于哲学理论，更是无用中之无用，中国目前所需要的，是物质生活的改善，什么哲学，什么精神文明，中国人已讲了几千年，还怕将来不如西洋么？这个在目前是完全用不着的。不过也有人渐渐觉到思想的力量是不容忽视的，因此提出"中国现在需要什么哲学"的问题，好像哲学只是一个奴隶，可以给人卖出买进的。这真是唯用主义，现在主义的口吻，充分地暴露了中国人的没有思想，没有哲学。

无论如何，我们现在已经可以知道：哲学在中国将有空前的复兴，中国民族将从哲学的根基找到一个中心思想，足以扶植中国民族的更生。这是必然的现象。

因为历史是有它的波动的节律的。我们说中国第二期文化已经结束，就等于说中国第三期文化将要产生。而且我们知道：第三期文化一定重新回到第一期的精神，那社会的，健康的，积极创造的精神。思想的活动，是第三期文化的特征。贯穿着这一期文化的，是慎思明辨的态度，逻辑的精神，综合的能力，理想的建立与实现。

何以知道是如此？因为这些刚才所说的特征，已经在中国露出了很微细的萌芽，这是到处可以看见，可以感到的，不过离着自觉的程度还很远就是。

何以知道必然要如此？因为中国文化——同其他文化一样——有它特殊的波动方式，一往一复的节律。上面所说的儒道两种精神，乃是相成而又相反，是一起一伏而互为消长的。每一个起伏的大波，在中国文化史里是要占几百年几千年的时间的。可是在每一次新的文化产生增长的时候，就是整个中国文化在进化的历程上跨了一大步。因为每一次新的文化产生，是对旧的文化的反动，是革命，同时是回到前一期的文化精神，是复古。只有革命是真正的复古，也只有复古是真正的革命。每一次新的文化产生，是综合着正反两方面的精神，而达到一个新的、自古未有的形式的。因此是前进，不是退后，是创新，不是因袭，是成熟，不是返旧；也只有创新才是真正的复古。

将来中国是否还有第四期的文化呢？大概是有的。第四期的文化必然又回到第二期的精神。这或许在将来大同社会实现以后才会产生。不过这是在较远的将来，现在可以不必说他。

第三期文化的产生，是要以儒家哲学的自觉为动因的。

第三期动的文化，是处处与第二期静的文化相对应，而与第一期动的文化暗中符合的。

科学与哲学，一定要由刚动的精神才能产生。由静的态度只能产生默悟的玄学，不能产生思辨的哲学。

新的文化要从新的哲学流出。

第三期文化是富有组织能力的。不论社会的组织，思想的组织，都是以刚动的逻辑精神为条件的。

因此中国今后的哲学是系统性的，不再是散漫的。它是要把第一期哲学的潜在的系统性，变为显在的。这一个系统，就是穷理尽性的唯心论大系统。

积极的政治，积极的自由的道德，也在第三期文化里才有可能。在这一期内，中国人将以精神主宰一切，不像在第二期的中国人完全生活在物质里头，为物质所克服了的——除了少数的艺术家与宗教家。

第三期文化的政治与经济，是民族自觉的，民族文化的，工商业的，社会主义的，民本民主的，自由的。

此外，在第三期内艺术的发展必然改变了方向：诗性的，神理的艺术或将转变为理念性的，戏剧性的，深刻性的，社会性的艺术。音乐将复兴。积极的宗教，亦将兴起而有它的地位。

说起来奇怪，我觉得在第三期文化成熟以前，在儒家哲学自觉之先，还应当有一度老庄哲学的复兴。儒家哲学的自觉，是要以老庄思想的复兴为条件的。因为道家哲学之于儒家哲学，等于老子之于孔子，告子之于孟子，佛老之于宋儒，卢梭之于康德，谢林之于黑格尔，没有前者的启发，后者是不可能的。试看没有受过佛老影响的儒者，都是比较平凡庸俗，没有哲学思想的。老庄的思想具有一种解放的力量：若是不先有老庄思想的复兴，就来提倡儒家哲学，那就不免于顽固守旧，足以阻止中国民族的前进，使它不能从旧礼教的枷锁解放出来，这就譬如提倡读经而没有能阐扬经义精华的人，结果只是自害害人，只是阻碍中国文化的发展。至如佛家的思想，因为出世的气味很重，不能影响到多数人；它也没有老庄那种艺术意味，因此缺乏滋长生命的功用，并不能应付中国人的需要。中国人现在所需要的就是生命。老庄的哲学，可以给中国人生命。向来在大乱之后，老庄的思想总是有复兴的趋势的。

这复兴的老庄思想，与第二期文化内的老庄思想是不同其面目的。复兴的老庄，是经过解释后的老庄，是积极化了的老庄，正如中国将来提倡孔子，已不是封建思想的孔子一样。本来第二期的中国，有所谓儒释道三教。三教之中，道教是最没有思想的。提倡道教的人，离开了老庄的精神生活，专门来弄那一套秘密的养生炼丹之术，总是莫名其妙。倒是山水画里，保存得一点老庄的真精神。至于思想方面，道家的东西已全给佛家吸收去了。到现在，却才是原始的真老庄复兴的机会。中国人现在所要取于老庄的精神的，乃是他那绝对自由的灵魂，他那理性的生活，他那艺术的人生态度，他那自然科学的兴趣。中国人要投在大自然的怀里，要从大自然的生命中发现自己的生命。发现了自己的生命，才说得上理想的建立。

（《哲学评论》第7卷第3期，1937年3月。）

附：沈有鼎自传[①]

沈有鼎，逻辑家，1908年生于上海。现任中国社会科学院哲学研究所逻辑组研究员。

1929年他毕业于北京清华大学哲学系。同年考取公费留美。29—31年[②]在美国哈佛大学从事研究，听Sheffer(谢佛)[③]和Whitehead(怀德海)的课。他认为Whitehead颇有大哲学家的风度。1931年得硕士学位，未考博士；因为那时他有一个思想，罗素尚且不是博士，考博士没有多大意义。31—34年留学德国，先后在Heidelberg(海德尔贝克)和Freiburg(弗来堡)大学

[①] 加弧形括号的内容都是沈先生原稿上画掉的，加方括号的内容为我所加。2005年3月11日录完。——张清宇注

[②] 即1929—1931年。沈有鼎先生文中省去了公元纪年的前两位，为保持作者自传原貌，给予保留，下同。——编者注

[③] Sheffer也译为谢乎，文中括号内的中文译名与现通行译名不完全一致。为保持作者自传原貌，给予保留，下同。——编者注

从事研究，听Jaspers（杰浦斯）和Heidegger（海德格尔）的课。他认识了已退休的Husserl（胡塞尔）和他的助手，粗粗体会到Phänomenologie[①]这一哲学体系之精深博大。他也认识了数学家Zermelo（策梅罗）。回国后任清华大学哲学系教授。（抗战期间，清华大学迁至昆明，和北京大学、南开大学合并为西南联合大学。）45-48年到英国牛津大学游学。他很欣赏英国学者辩论时引经据典、不伤感情的作风。回国后仍在北京，先后任清华、北大哲学系教授。55年来哲学所。

他在中学的时候，对《易经》的哲学价值已很有体会。入大学后自学数理逻辑，对根本问题深入思考，颇多收获。（当时教逻辑的是赵元任，不是金岳霖，他也没有选这门课。）他有志钻研康德哲学。自后，锐志追求真理，虽以康德为主，实对佛家哲学颇有信心。总之，他哲学不主一家，同时继续研究数理逻辑。抗战期间，兼涉及《墨经》的逻辑学和古代中国的诡辩论。解放[②]后，学习马克思主义和毛泽东思想，他深深体会到掌握了辩证唯物论这一真理，就能解放思想，帮助解决许多难以解决的问题。他在解放前的主要著作有四篇论文：

---

① 即德文"现象学"一词。——编者注
② 即1949年，下同。——编者注

（1）《评王光祈〈东西乐制之研究〉》，《清华学报》①。赵元任先生认为此文写得很深（实际上包括了评者自己的研究成果），许多专家都不一定看得懂。

（2）《〈周易〉卦序分析》，北京《□报》副刊□。此文他后来在哲学讨论会上曾加以极重要的补充，胡世华同志最近凭当时的印象，认为这是关于《易经》卦序的真正科学的研究。②

（3）"On Expresions"③，《哲学评论》6卷1期。此短文对精确语言的逻辑结构作了初步的解析。Morris（莫里斯）来中国时，把它抄了一部分回去。

（4）《真理的分野》，《哲学评论》7卷4期。此文就严格蕴涵关系对人类知识中所有的概念和真实命题作了简单的分类，和通常的学科分类着眼点不同。在这个初步尝试中，许多说法尚未完善，也有些观点是唯心主义的。

许多老哲学家解放后的著作在观点上比较生硬，总地说来不如解放前的著作来得爽快。沈有鼎比较上没有这样的缺

---

① 第11卷第1期，1936年1月。——编者注
② 据《沈有鼎文集》第98—99页，《〈周易〉卦序分析》原载《哲学评论》第7卷第1期，1936年9月；《周易序卦骨构大意》原载《北京晨报》"思辨"专刊第36期，1936年5月6日第11版；前文后发，后文先发，前文比后文内容更多，这里可能有误。——张清宇注
③ 即《论表达式》。——编者注

附：沈有鼎自传 / 153

点，但也不可避免地受当时学风的影响。他在解放后的主要著作分两大类，关于逻辑史的和关于数理逻辑的。

第一类，即关于逻辑史的，包括一本书和八篇论文：

(1)《〈墨经〉的逻辑学》，中国社会科学出版社80年9月。此书在54-55年曾分期发表于《光明日报》《哲学研究》副刊，题为《〈墨辩〉的逻辑学》。由于"辩"字的一个意义是"逻辑学"，为了避免咬文嚼字的老先生们把书名理解为"墨家逻辑学的逻辑斯谛学"，他改用了今名。出版前，是稍加修改。此书比较精确地叙述了古代中国墨家的逻辑学说。[这是唯一在中国土生土长的系统逻辑学说。]此学说经西晋鲁胜提倡后，东晋时尚有人研究。但从南北朝到明代，一直无人过问。到清代张惠言以后，才又受到人们的重视，但《墨经》文字已大部分不可解了。沈书只解释了逻辑学部分。58年出版的高亨《〈墨经〉校诠》，有些注释和沈相同，这并非出于抄袭，是因为理解正确才相同。据高自己说，他在解放前已完稿了。沈意高书解释的地方还是太多，几乎比比皆是；这是因为高校释了《墨经》全书，而要作全书的完美精确的校释，目前条件尚未具备。以高亨的文字学水平，尚且未能胜任，看来这样的事业不是一个人能完成的。[沈希望青年同志们继续努力，不要停止在高的水平(不要以高的成果为满足)，集腋成裘，不主一家，以求尽善。]

(2)《唯物主义者培根如何推进了逻辑科学?》，见《培根哲学思想》，商务印书馆61年12月。

(3)《〈墨经〉论数》，《光明日报》《哲学》副刊62年10月。此文于80年收入《〈墨经〉的逻辑学》作为附录。

(4)《〈指物论〉句解》，同上63年1月。

(5)《〈公孙龙子〉书的评价问题》，《哲学研究》78年6月。

(6)《评庞朴〈公孙龙子研究〉的考辨部分》，已排印。

(7)《论〈墨经〉四篇之编制》，尚未发表。

(8)《公孙龙子考》。第一部分见《中国哲学史论文集》第一辑，山东人民出版社79年11月。这是关于公孙龙其人的考证。

第二部分尚未发表，是根据先秦和汉代的典籍，确定历史上公孙龙的思想倾向性，用来衡量现行五篇《公孙龙子》。论文对流行的"现行五篇《公孙龙子》是公孙龙原著"之说进行了反驳。所给强有力的论据是鲁胜所说除《墨经》外名家篇籍到西晋时都已忘绝的话。结论是：现行《公孙龙子》之来源有三。(a)《白马论》可能是东晋时阮裕的得意之作。这篇"讲义"中有几句话是通过桓谭《新论》的称引而来自公孙龙原著的。(b)《通变论》、《坚白论》、《名实论》三篇的共同特点是引用了大量《墨经》词句，但和《墨经》原意无关。这三篇是晋代人根据公孙龙的少量破烂残篇，加工又加工编串成的。编书的时间在鲁胜作《墨辩注》之后，大约是东晋。可能爰俞参加了《坚白论》的编串，创造性地发挥了公孙龙。《名实论》是鲁胜后学所作，以"形名家"①的姿态出现，和公孙龙的论述很少关联。《通变论》开首110字是公孙龙原著的保存得特别完好的残篇。但下面的文章连一点逻辑头脑都没有，这位拙劣的编者无疑是"儒家"。这三篇合称"守白论"，为隋志所著录。总的说来，编书者的观点和鲁胜相同，认为公孙龙著书的目的是"正形名"，所有诡论无非是老子"正言若反"的原则的运用，不能单作字面上的理解。晋代形名家心目中的这一公孙龙决不是历史上的公孙龙。(c)《指物论》可能是爰俞自己的论文，这时他已多少走到了公孙龙思想的反面，因此持论和《公孙龙子》其他篇的思想不协调。

(9)《论原始"离坚白"学说的物理性质》，尚未发表。

第二类，即关于数理逻辑的，包括四篇论文：

---

① "形"古同"刑"，前文均用"刑名家"，此处为保持作者自传原貌，给予保留，下同。——编者注

(1) "Paradox of the Class of all Grounded Classes"(《有根类的类悖论》),Journal of Symbolic Logic 53 年 6 月。

(2) "Two Semantical Paradoxes"(《两个语义悖论》),同上 55 年 6 月。

(3)《初基演算》,《数学学报》57 年 3 月。

对此文所叙述的七个系统,(广义的)演绎定理都能适用。后来他又扩大到十个系统,也同样。Lewis 的 S1 – S3 三系统[1],因不适合这条件,未加叙述。

(4)《纯逻辑中不依赖量词的部分》,《数学学报》81 年 9 月。

此外,他还计划写一本书:《逻辑模态和本体论模态》。1930 年左右,他已开始用数理逻辑处理模态问题。[和 Parry[2] 讨论过。]此后更加深入,有许多新发现。[莫绍揆同志也有很多贡献。]恰好近年来模态逻辑在西方也有很大的发展,周礼全先生对西方的研究成果作了相当好的介绍。沈计划中的书,就是要把西方的研究成果结合起来,给以批判的叙述和哲学意义的说明。

---

[1] 指逻辑学家 C. I. 刘易斯在 1918 年出版的 *Survey of Symbolic Logicy* 一书中的系统。——编者注

[2] 指哈佛大学哲学博士,美国共产党员 William T. Parry。——编者注

沈有鼎
文学士

Yu-Ting Shen
B. A. in Philosophy

忘年忘义
振于无竟

1929年清华大学首届本科生毕业纪念册之一页

注 记

沈有鼎先生在1926年协助金岳霖先生(1895—1984)创办清华哲学系，那时候，一师一生，号称一系。此后，除了在留学欧美的那几年，他终生都和金先生在同一个单位工作，从清华大学、西南联合大学、北京大学直至中国社会科学院哲学研究所。

沈有鼎先生的自传应该是写于20世纪80年代初期，现在完整发表于此，除了先师张清宇先生(1944—2011)在录入时所做的三处说明，其余方面未做任何增删，原件则存于清宇老师家中。他是具体什么时候给我的这个复件，我已经忘了。清宇老师是沈先生在 1978 年招收的研究生，毕业后留在中国社会科学院哲学研究所逻辑学研究室工作，对于沈先生的多个研究方向都有所阐发。当然，对于沈先生的工作进行全面的系统性研究，还需待以时日。

刘新文
于中国社会科学院哲学研究所逻辑学研究室
2021 年 11 月 27 日

国家新闻出版广电总局
首届向全国推荐中华优秀传统文化普及图书

大家小书书目

国学救亡讲演录	章太炎 著 蒙木 编
门外文谈	鲁迅 著
经典常谈	朱自清 著
语言与文化	罗常培 著
习坎庸言校正	罗庸 著 杜志勇 校注
鸭池十讲（增订本）	罗庸 著 杜志勇 编订
古代汉语常识	王力 著
国学概论新编	谭正璧 编著
文言尺牍入门	谭正璧 著
日用交谊尺牍	谭正璧 著
敦煌学概论	姜亮夫 著
训诂简论	陆宗达 著
文言津逮	张中行 著
经学常谈	屈守元 著
国学讲演录	程应镠 著
英语学习	李赋宁 著
笔祸史谈丛	黄裳 著
古典目录学浅说	来新夏 著
闲谈写对联	白化文 著
汉字知识	郭锡良 著
怎样使用标点符号（增订本）	苏培成 著
汉字构型学讲座	王宁 著
诗境浅说	俞陛云 著
唐五代词境浅说	俞陛云 著
北宋词境浅说	俞陛云 著

南宋词境浅说	俞陛云 著	
人间词话新注	王国维 著	滕咸惠 校注
苏辛词说	顾随 著	陈均 校
诗论	朱光潜 著	
唐五代两宋词史稿	郑振铎 著	
唐诗杂论	闻一多 著	
诗词格律概要	王力 著	
唐宋词欣赏	夏承焘 著	
槐屋古诗说	俞平伯 著	
读词偶记	詹安泰 著	
词学十讲	龙榆生 著	
词曲概论	龙榆生 著	
唐宋词格律	龙榆生 著	
楚辞讲录	姜亮夫 著	
中国古典诗歌讲稿	浦江清 著	
	浦汉明 彭书麟 整理	
唐人绝句启蒙	李霁野 著	
唐宋词启蒙	李霁野 著	
唐诗研究	胡云翼 著	
风骚心赏	萧涤非 著	萧光乾 萧海川 编
人民诗人杜甫	萧涤非 著	萧光乾 萧海川 编
钱仲联谈诗词	钱仲联 著	罗时进 编
唐宋词概说	吴世昌 著	
宋词赏析	沈祖棻 著	
唐人七绝诗浅释	沈祖棻 著	
道教徒的诗人李白及其痛苦	李长之 著	
英美现代诗谈	王佐良 著	董伯韬 编
闲坐说诗经	金性尧 著	
陶渊明批评	萧望卿 著	
穆旦说诗	穆旦 著	李方 编
古典诗文述略	吴小如 著	

诗的魅力		
——郑敏谈外国诗歌	郑　敏	著
新诗与传统	郑　敏	著
一诗一世界	邵燕祥	著
舒芜说诗	舒　芜	著
名篇词例选说	叶嘉莹	著
汉魏六朝诗简说	王运熙　著　董伯韬　编	
唐诗纵横谈	周勋初	著
楚辞讲座	汤炳正	著
	汤序波　汤文瑞　整理	
好诗不厌百回读	袁行霈	著
山水有清音		
——古代山水田园诗鉴要	葛晓音	著
红楼梦考证	胡　适	著
《水浒传》考证	胡　适	著
《水浒传》与中国社会	萨孟武	著
《西游记》与中国古代政治	萨孟武	著
《红楼梦》与中国旧家庭	萨孟武	著
红楼梦研究	俞平伯	著
《金瓶梅》人物	孟　超　著　张光宇　绘	
水泊梁山英雄谱	孟　超　著　张光宇　绘	
水浒五论	聂绀弩	著
《三国演义》试论	董每戡	著
《红楼梦》的艺术生命	吴组缃　著　刘勇强　编	
《红楼梦》探源	吴世昌	著
史诗《红楼梦》	何其芳	著
	王叔晖　图　蒙　木　编	
细说红楼	周绍良	著
红楼小讲	周汝昌　著　周伦玲　整理	
曹雪芹的故事	周汝昌　著　周伦玲　整理	

《儒林外史》简说	何满子 著	
古典小说漫稿	吴小如 著	
三生石上旧精魂		
——中国古代小说与宗教	白化文 著	
中国古典小说名作十五讲	宁宗一 著	
中国古典戏曲名作十讲	宁宗一 著	
古体小说论要	程毅中 著	
近体小说论要	程毅中 著	
《聊斋志异》面面观	马振方 著	
曹雪芹与《红楼梦》	张 俊 沈志钧 著	
古稗今说	李剑国 著	
我的杂学	周作人 著	张丽华 编
写作常谈	叶圣陶 著	
中国骈文概论	瞿兑之 著	
谈修养	朱光潜 著	
给青年的十二封信	朱光潜 著	
论雅俗共赏	朱自清 著	
文学概论讲义	老 舍 著	
中国文学史导论	罗 庸 著	杜志勇 辑校
给少男少女	李霁野 著	
古典文学略述	王季思 著	王兆凯 编
古典戏曲略说	王季思 著	王兆凯 编
鲁迅批判	李长之 著	
唐代进士行卷与文学	程千帆 著	
说八股	启 功 张中行 金克木 著	
译余偶拾	杨宪益 著	
文学漫识	杨宪益 著	
三国谈心录	金性尧 著	
夜阑话韩柳	金性尧 著	
漫谈西方文学	李赋宁 著	

周作人概观	舒芜 著	
古代文学入门	王运熙 著	董伯韬 编
中国文化与世界文化	乐黛云 著	
新文学小讲	严家炎 著	
回归，还是出发	高尔泰 著	
文学的阅读	洪子诚 著	
中国文学1949—1989	洪子诚 著	
鲁迅作品细读	钱理群 著	
中国戏曲	么书仪 著	
元曲十题	么书仪 著	
唐宋八大家		
——古代散文的典范	葛晓音 选译	
辛亥革命亲历记	吴玉章 著	
中国历史讲话	熊十力 著	
中国史学入门	顾颉刚 著	何启君 整理
秦汉的方士与儒生	顾颉刚 著	
三国史话	吕思勉 著	
史学要论	李大钊 著	
中国近代史	蒋廷黻 著	
民族与古代中国史	傅斯年 著	
五谷史话	万国鼎 著	徐定懿 编
民族文话	郑振铎 著	
史料与史学	翦伯赞 著	
秦汉史九讲	翦伯赞 著	
唐代社会概略	黄现璠 著	
清史简述	郑天挺 著	
两汉社会生活概述	谢国桢 著	
中国文化与中国的兵	雷海宗 著	
元史讲座	韩儒林 著	
魏晋南北朝史稿	贺昌群 著	

汉唐精神	贺昌群 著
海上丝路与文化交流	常任侠 著
中国史纲	张荫麟 著
两宋史纲	张荫麟 著
北宋政治改革家王安石	邓广铭 著
从紫禁城到故宫	
——营建、艺术、史事	单士元 著
春秋史	童书业 著
史籍举要	柴德赓 著
明史简述	吴晗 著
朱元璋传	吴晗 著
明史讲稿	吴晗 著
旧史新谈	吴晗 著 习之 编
史学遗产六讲	白寿彝 著
先秦思想讲话	杨向奎 著
司马迁之人格与风格	李长之 著
历史人物	郭沫若 著
屈原研究（增订本）	郭沫若 著
考古寻根记	苏秉琦 著
舆地勾稽六十年	谭其骧 著
魏晋南北朝隋唐史	唐长孺 著
秦汉史略	何兹全 著
魏晋南北朝史略	何兹全 著
司马迁	季镇淮 著
唐王朝的崛起与兴盛	汪篯 著
南北朝史话	程应镠 著
二千年间	胡绳 著
辽代史话	陈述 著
考古发现与中西文化交流	宿白 著
清史三百年	戴逸 著
清史寻踪	戴逸 著

走出中国近代史	章开沅 著	
中国古代政治文明讲略	张传玺 著	
艺术、神话与祭祀	张光直 著	
	刘 静 乌鲁木加甫 译	
中国古代衣食住行	许嘉璐 著	
辽夏金元小史	邱树森 著	
中国古代史学十讲	瞿林东 著	
历代官制概述	瞿宣颖 著	
中国武术史	习云泰 著	
小平原 大城市	侯仁之 著 唐晓峰 编	
黄宾虹论画	黄宾虹 著	
中国绘画史	陈师曾 著	
和青年朋友谈书法	沈尹默 著	
中国画法研究	吕凤子 著	
桥梁史话	茅以升 著	
中国戏剧史讲座	周贻白 著	
中国戏剧简史	董每戡 著	
西洋戏剧简史	董每戡 著	
俞平伯说昆曲	俞平伯 著 陈 均 编	
新建筑与流派	童 寯 著	
论园	童 寯 著	
拙匠随笔	梁思成 著	
中国建筑艺术	梁思成 著	
野人献曝		
——沈从文的文物世界	沈从文 著 王 风 编	
中国画的艺术	徐悲鸿 著 马小起 编	
中国绘画史纲	傅抱石 著	
龙坡谈艺	台静农 著	
中国舞蹈史话	常任侠 著	
中国美术史谈	常任侠 著	

说书与戏曲	金受申 著	
书学十讲	白 蕉 著	
世界美术名作二十讲	傅 雷 著	
中国画论体系及其批评	李长之 著	
金石书画漫谈	启 功 著	赵仁珪 编
中国山水园林艺术	汪菊渊 著	
故宫探微	朱家溍 著	
中国古代音乐与舞蹈	阴法鲁 著	刘玉才 编
梓翁说园	陈从周 著	
旧戏新谈	黄 裳 著	
中国年画十讲	王树村 著	姜彦文 编
民间美术与民俗	王树村 著	姜彦文 编
长城史话	罗哲文 著	
中国古园林六讲	罗哲文 著	
现代建筑奠基人	罗小未 著	
世界桥梁趣谈	唐寰澄 著	
如何欣赏一座桥	唐寰澄 著	
桥梁的故事	唐寰澄 著	
园林的意境	周维权 著	
皇家园林的故事	周维权 著	
乡土漫谈	陈志华 著	
中国古代建筑概说	傅熹年 著	
中国造园艺术	曹 汛 著	
简易哲学纲要	蔡元培 著	
大学教育	蔡元培 著 北大元培学院 编	
老子、孔子、墨子及其学派	梁启超 著	
新人生论	冯友兰 著	
中国哲学与未来世界哲学	冯友兰 著	
春秋战国思想史话	嵇文甫 著	

晚明思想史论	嵇文甫 著	
谈美	朱光潜 著	
谈美书简	朱光潜 著	
中国古代心理学思想	潘菽 著	
新人生观	罗家伦 著	
佛教基本知识	周叔迦 著	
儒学述要	罗庸 著	杜志勇 辑校
老子其人其书及其学派	詹剑峰 著	
周易简要	李镜池 著	李铭建 编
希腊漫话	罗念生 著	
佛教常识答问	赵朴初 著	
维也纳学派哲学	洪谦 著	
逻辑学讲话	沈有鼎 著	
大一统与儒家思想	杨向奎 著	
孔子的故事	李长之 著	
西洋哲学史	李长之 著	
哲学讲话	艾思奇 著	
中国文化六讲	何兹全 著	
墨子与墨家	任继愈 著	
中华慧命续千年	萧萐父 著	
儒学十讲	汤一介 著	
汉化佛教与佛寺	白化文 著	
传统文化六讲	金开诚 著	金舒年 徐令缘 编
美是自由的象征	高尔泰 著	
艺术的觉醒	高尔泰 著	
中华文化片论	冯天瑜 著	
儒者的智慧	郭齐勇 著	
中国政治思想史	吕思勉 著	
市政制度	张慰慈 著	
政治学大纲	张慰慈 著	

民俗与迷信	江绍原 著	陈泳超 整理
政治的学问	钱端升 著	钱元强 编
从古典经济学派到马克思	陈岱孙 著	
乡土中国	费孝通 著	
社会调查自白	费孝通 著	
怎样做好律师	张思之 著	孙国栋 编
中西之交	陈乐民 著	
律师与法治	江 平 著	孙国栋 编
中华法文化史镜鉴	张晋藩 著	
新闻艺术（增订本）	徐铸成 著	
中国化学史稿	张子高 编著	
中国机械工程发明史	刘仙洲 著	
天道与人文	竺可桢 著	施爱东 编
中国医学史略	范行准 著	
优选法与统筹法平话	华罗庚 著	
数学知识竞赛五讲	华罗庚 著	
中国历史上的科学发明（插图本）	钱伟长 著	
创造	傅世侠 著	
数学趣谈	陈景润 著	
科学与中国	董光璧 著	
易图的数学结构（修订版）	董光璧 著	

出版说明

"大家小书"多是一代大家的经典著作,在还属于手抄的著述年代里,每个字都是经过作者精琢细磨之后所拣选的。为尊重作者写作习惯和遣词风格、尊重语言文字自身发展流变的规律,为读者提供一个可靠的版本,"大家小书"对于已经经典化的作品不进行现代汉语的规范化处理。

提请读者特别注意。

北京出版社